iT邦幫忙 鐵人賽

KorGE遊戲開發

帶你學會運用Kotlin、KorGE、Ktor技術打造自己的小遊戲

教您用Kotlin語言設計跨平台遊戲，分享實戰開發遊戲技術不藏私，輕鬆學會製作自己的第一個小遊戲。

- 初學者快速入門Kotlin學會Hello World！
- 介紹遊戲引擎KorGE製作跨平台遊戲
- 運用Web框架Ktor建立遊戲後端服務
- 佈署遊戲到雲端與全世界連線

張永欣 (Yaya) —— 著

本書提供線上資源下載

作　　者：張永欣 (Yaya)
責任編輯：林楷倫

董 事 長：陳來勝
總 編 輯：陳錦輝

出　　版：博碩文化股份有限公司
地　　址：221 新北市汐止區新台五路一段 112 號 10 樓 A 棟
　　　　　電話 (02) 2696-2869　傳真 (02) 2696-2867

發　　行：博碩文化股份有限公司
郵撥帳號：17484299　戶名：博碩文化股份有限公司
博碩網站：http://www.drmaster.com.tw
讀者服務信箱：dr26962869@gmail.com
訂購服務專線：(02) 2696-2869 分機 238、519
（週一至週五 09:30 ～ 12:00；13:30 ～ 17:00）

版　　次：2021 年 8 月初版一刷

建議零售價：新台幣 600 元
I S B N：978-986-434-858-9
律師顧問：鳴權法律事務所 陳曉鳴律師

國家圖書館出版品預行編目資料

KorGE 遊戲開發：帶你學會運用 Kotlin、KorGE、Ktor 技術打造自己的小遊戲 / 張永欣 (Yaya) 著 . -- 初版 . -- 新北市：博碩文化股份有限公司 , 2021.08

面；　公分-- (iT邦幫忙鐵人賽系列書)

ISBN 978-986-434-858-9(平裝)

1.電腦遊戲 2.電腦程式設計

312.8　　　　110013247

Printed in Taiwan

博碩粉絲團

在 2020 年想必是許多人難忘的一年，突如其來的疫情讓許多人的生活發生改變，當然我也不例外，公司在過完年後老闆宣布因為資金週轉不過（但跟疫情無關），只好忍痛裁員，雖然自己的個性都是逆來順受，但突然地沒有工作也是非常意外，還好老本還夠跟老公撐過這段時間，（到現在都還不敢跟爸媽說，就怕家人擔心，但是這本書的出版就都曝光了啊…）。但這段時間剛好是疫情正爆發的時期，也不用像有的公司上班變成要 Work From Home 了，因為直接就是 Work At Home ！享受一段不用向任何人報備進度的時光，同時讓工作多年的自己獲得了一段充電的時間。

趁這段無業時期也剛好有時間開發自己的 Side Project 作品，因為先前是用 Java 語言開發，但是自從使用了 Kotlin 後，有種強迫症一樣覺得不管怎樣都想把 Java Code 轉成 Kotlin，所以就打掉重寫。也因為有較多的時間能關注 Kotlin 社群舉辦的活動，據說 Kotlin 讀書會第一梯次在前年就舉辦了，2020 年是第二梯次，都是線上導讀，有時假日對有興趣的主題就會進到線上聽課。不知道哪一次的讀書會的核心人物「Kotlin 傳教士 - 聖佑」發出了要舉辦練功場的消息，邀請志工來幫忙運作後端組，而正當我在思考要用 Python、還是要用 Kotlin 來開發 Side Project 的後端程式，聽到後覺得這是個難得的機會，就寫信說想擔任後端組的志工，也因為這樣就跟 Kotlin 的社群搭上線。在這半年每星期把講師上課的內容寫筆記整理分享給社群，也不知道哪次就默默地從只是志工的角色進階被稱作了助教（也沒有真正教導哪位同學，有時上課來不及記錄也是滿汗顏的）。

在大約暑假尾聲，聖佑在群組發起一起參加「iT 邦幫忙」的團體賽邀請，當時就有聽過鐵人賽，但是從來也沒親身試過，剛好覺得可以把做過遊戲的經驗配合這個新興的程式語言來寫成系列文參加比賽，最後共有 9 位同好加入「Kotlin 鐵人陣」一起比賽，最後也有 5 位獲得佳作，算是非常不錯的成果，甚至在群組內已經有人想要繼續挑戰第十三屆了，這樣活力滿滿的能量讓人感覺非常地感動！

得知得獎後可以出書，沒考慮太多就決定要繼續這個號稱另一個鐵人賽的挑戰，希望能藉由出版這本書來回饋 Kotlin 社群，推廣這個好用易學的程式語言。套句社群大大們常說的一句話：「分享知識的人，往往是獲得最多的那一位」，也回想到當年為了學會新的語言，在書店裡找到一本工具書，照本宣科地學會架設 Java 的開發環境（當時還沒有那種一鍵安裝好開發環境的開發工具，都是要自己跑去系統環境變數貼路徑的時代…），接著用筆記本刻出幾行程式，然後在命令提示字元顯示的 “Hello World” 的回憶，希望這本書也能幫助到初學程式或想學寫遊戲的各位。

Preface

推薦序

相信不少開發者會走上程式設計這條路，多少都受到小時候玩電玩遊戲的經驗所啟發，即便電動麻瓜如我，也曾以成為遊戲設計師為志，可見寫出自己的遊戲是多麼吸引人的一件事。

現在，透過鴨鴨的這本《KorGE 遊戲開發：帶你學會運用 Kotlin、KorGE、Ktor 技術打造自己的小遊戲》你有一個全新的機會，可以用單一程式語言，開發多平台（Desktop、Android、iOS、Web）且含後端服務的遊戲，手把手地帶你逐夢踏實。

這本書從 IDE 安裝、Kotlin 語法入門、KorGE 遊戲引擎操作使用、Ktor 後端 API 撰寫、多平台發佈都有非常完整的說明。其中讓我印象深刻的是，鴨鴨不只介紹程式開發面的技術，對於設計一個遊戲所需具備的基礎觀念、類型選擇、架構及場景設計皆有涉獵。而遊戲製作裡經典的 Sprite Animation 也在書中有實際的案例練習，真可謂是一本獨立遊戲製作者一定要看的生存指南。與此同時，鴨鴨也利用這本著作證明 Kotlin 在多平台開發上的威力及潛力。不論是對 Kotlin 有興趣、或已經是 Kotlin 開發者的你，都可以利用這個機會，擴增自己的守備領域，開拓更多職涯選項。

與鴨鴨是在 2020 年因為辦了 Kotlin 讀書會而相識。那時鴨鴨不僅參與讀書會，還熱情的貢獻筆記、也會在部落格上發表自己的心得，非常認真！讀書會之後，我們還籌組了 Kotlin 練功場，透過 5 個不同的組別帶著大家用 Kotlin 練功，將技能應用在 Mobile、後端、資料科學及演算法上。鴨鴨抱持著對後端的興趣，加入練功場後端組並自告奮勇擔任助教，除了幫忙協調很多教學課務外，她的筆記也是所有學員復習時的明燈。而鴨鴨助教的稱號，也是當時留下的最佳印記。隨後一同報隊挑戰鐵人賽，看著她再次挑戰較無人探索的遊戲主題且拿到佳作，由衷佩服。隨著書籍出版，有幸能為其寫序，希望這本書能幫助對遊戲開發有興趣的朋友踏出那勇敢的第一步！

JetBrains 技術傳教士

范聖佑

2021 年 8 月 9 日

Contents
目錄

1 基礎概念篇

1.1 Kotlin、KorGE、Ktor 是什麼？ 1-2

1.1.1 Kotlin – 新時代的程式語言 1-2

1.1.2 KorGE – 專門用 Kotlin 打造的遊戲引擎 . 1-4

1.1.3 Ktor – 專門用 Kotlin 打造的 Web 框架... 1-5

1.2 Kotlin 開發環境安裝 1-6

1.2.1 IntelliJ 哪裡找？怎麼裝？ 1-6

1.3 Kotlin 入門 1-18

1.3.1 變數與常數（var，val）...................... 1-18

1.3.2 資料型態（Basic Type）...................... 1-20

1.3.3 控制流程（Control flow）.................... 1-31

1.3.4 迴圈（Loops）.................................... 1-34

1.3.5 範圍（Range）.................................... 1-37

1.3.6 函式（Function）................................ 1-41

1.3.7 類別（Class）...................................... 1-45

1.3.8 空值安全（Null Safety）...................... 1-53

1.4 總結 1-60

2 遊戲引擎介紹篇

2.1 KorGE 安裝 2-2
2.1.1 安裝 Plugins 2-2
2.1.2 開新的專案 2-3
2.2 遊戲設計與架構介紹 2-9
2.3 使用 Scene 切換場景 2-14
2.4 使用 Image 處理圖片 2-25
2.5 使用 Text 處理文字 2-34
2.6 使用 Font 改變文字風格 2-39
2.7 製作動畫特效 2-44
2.8 製作逐格動畫 2-49
2.9 使用 Input 輸入系統 2-56
2.10 使用音效 Audio 2-61
2.11 畫面解析 Resolution 2-65
2.12 總結 2-69

3 遊戲前端開發篇

3.1 遊戲背景製作 3-2
3.2 GamePlay 設計 - 遊戲關卡編輯 3-7
3.3 GamePlay 設計 - 背景、地面、物品 3-11
3.4 GamePlay 設計 - 角色動作 3-23
3.5 GamePlay 設計 - UI 介面 3-32
3.6 GamePlay 設計 - 碰撞偵測 3-46

3.7 Splash 設計 - 進版畫面 3-57
3.8 Menu 設計 - 遊戲大廳 3-61
3.9 GameOver 設計 - 遊戲結束 3-72
3.10 Rank 設計 - 排行榜 3-83
3.11 總結 3-89

4

遊戲後端開發篇

4.1 Ktor 安裝 4-2
4.2 MySQL 安裝 4-13
4.3 設計遊戲資料庫 4-33
4.4 設計遊戲 API 4-43
4.5 串接前端與後端 4-54
4.6 整合遊戲 4-60
4.7 總結 4-66

5

遊戲整合發佈篇

5.1 發佈至不同平台 5-2
5.2 建立雲端服務 5-14
5.3 佈署至雲端服務 5-29
5.4 總結 5-43

附錄

參考資料 .... 附錄 -2
本書程式碼 .... 附錄 -6
特別補充 - KorGE 廣告實作 .... 附錄 -7
鴨鴨助教的結語 .... 附錄 -11
特別加碼 - 鴨鴨助教的漫畫 .... 附錄 -12

CHAPTER

基礎概念篇

歡迎進入到 Kotlin 的學習旅程，鴨鴨助教將會用輕鬆的方式來帶領各位進入到 Kotlin 的世界，而自己學習程式的路程都是先從實作的方式先知道結果，再慢慢回頭去理解運作方式，最後挑自己有興趣的東西再去研究。所以很多部分都是會直接寫段程式碼舉例給各位看，不會有太艱深困難的教學或是理論，因此若你是初學者不用太緊張，若是學過的朋友們就挑自己有興趣的章節閱讀即可。準備好的話，我們就按下 Go 開始進入啦！

1.1 Kotlin、KorGE、Ktor 是什麼？

在本書會時常看到這三個名詞，分別是 Kotlin、KorGE 以及 Ktor。就讓鴨鴨助教來一一解說。

1.1.1 Kotlin – 新時代的程式語言

Kotlin 的名字起源來自於俄羅斯聖彼得堡的一座小島，也就是「Kotlin Island」，如果你真的去地圖搜尋真的找得到這個所在地，據說取這個名字是因為要跟 Java 程式語言一樣，Java 當時的取名也是來自爪哇島。Kotlin 也跟主要在支援這個語言的開發團隊 JetBrains 離不開關係，JetBrains 團隊是捷克的一家專注開發軟體整合工具（IDE）的公司，目前也非常積極地推廣這個新興的程式語言，本書也是採用 JetBrains 開發的「IntelliJ IDE」來當作遊戲製作的開發工具。

大部分初次聽聞 Kotlin 的各位，想必都是因為接觸到 Android 開發的部分吧！因為 Google 在 2017 年的時候第一次宣佈 Android 支援 Kotlin 語言開發，而更在 2019 年五月宣佈 Kotlin 是 Android 開發的第一首選程式語言。Google 會把 Android 的首選開發語言換成 Kotlin 相信一定有其原因，其中之一我想是因為 Kotlin 對於初學者來說，比起一開始學習 Java，Kotlin 會是更容易上手的語言。既然更容易上手，就更利於推廣這廣大的行動開發市場，市場除了願意買單使用的終端消費者，當然也要有更多的開發者投入這個產業，幫忙開發更多的 APP 程式使用。

這裡我也整理了一些 Kotlin 在開發軟體上的一些常見優點：

程式語法簡潔易懂

如果教一個新人看 Java Code 跟 Kotlin Code，相信對新接觸的人都會覺得 Kotlin 寫得更簡單，對於開發上更快速，當然也有人會喜歡 Java 較嚴謹的寫法，學起來反而較扎實明確，但是程式語言沒有好壞之分，就看個人的喜好跟實際體驗或是公司上要求需要用哪種語言開發了。

相容於 Java

若你是 Android 開發者，專案裡頭完全可以有 Java 跟 Kotlin 在裡頭，這一點 iOS 的 Objective-C 跟 Swfit 據說也是可行，但是要寫較多整合相容性的程式碼（聽同事說很麻煩），而 Kotlin 的開發工具都有 Java 轉 Kotlin 一鍵轉換功能，主要是 Kotlin 一開始的設計目標就是希望要比 Java 更好且還能完全相容於 Java。

Null Safety

Kotlin 編譯器會檢查變數是否為空值（null），會嚴格確保不要發生所謂的空值異常拋出，也就是程式在物件的是空值的狀態還強制繼續對它進行存取造成的錯誤，Kotlin 對空值的介紹會在後續內容應用到時會再提及。

跨平台

Kotlin 在行動開發領域，最常運用在 Android 開發上，但你也可以透過 KMM 技術（Kotlin Multiple Mobile）在 iOS 開發；前端及後端的開發也可以使用 Ktor 的 Web 框架技術，而本書主要角色的之一 KorGE 遊戲引擎也是能用 Kotlin 開發後，輸出到在多個平台上。

目前已經歸納幾個 Kotlin 的好處了，可是沒有親自動手去試出來是感受不到的，請先在心理做好準備，後面就有很多練習等著使用 Kotlin 來寫 Code 了！

1.1.2 KorGE – 專門用 Kotlin 打造的遊戲引擎

鴨鴨助教你很奇怪耶！不是說要用 Kotlin 寫 Code 嗎？為什麼又出現 KorGE 這個東西呢？說來話長，畢竟 Kotlin 本身是沒有像其他語言有視窗框架（GUI Framework）這一部分，還是需要藉由其他的函式庫來幫忙畫出來，如同在 Android 手機就是需要 Android 的 UI（User Interface）畫面，桌機上也需要有相對應可以幫忙生出你做系統 UI 的套件（TornadoFX 有支援 Kotlin 做 UI，最近也有 Compose 支援），但我們的目標是要做出生動的遊戲畫面，而且還想要很貪心地跑在手機、桌機、網頁，這時我們都會說直接找個遊戲引擎來實作是最快速的，於是我的下個動作就是在搜尋引擎上打上 "Kotlin Game Engine"，這時還真的出現了我要的東西：「KorGE - Modern Multiplatform Game Engine for Kotlin」。仔細讀取了官方的介紹：「完全是百分之百用 Kotlin 打造，還能跨 Android、iOS、Web 跟桌機，也是用 JetBrains 的 IntelliJ 開發工具」。綜合這些特點，看起來就是非常地吸引人想要入坑學習，所以才會有接下來介紹 KorGE 怎麼使用的篇章，就讓鴨鴨助教帶你進入 KorGE 的世界。

1.1.3 Ktor – 專門用 Kotlin 打造的 Web 框架

鴨鴨助教！我已經知道你要用 KorGE 來當遊戲引擎做遊戲了，但怎麼又來個叫 Ktor 的東西？！這樣給初學者這麼多東西好嗎？！（鴨之聲：有好東西介紹當然是不嫌多囉！）一般學遊戲設計都是會先以單機遊戲為主，能在自己的桌機或是手機能離線執行起來就可以了，但是如果能讓各位也能親手製作一個可以上雲端的遊戲，想必更是一件有趣的事情。因此就想把這一個讓初學者也能輕鬆學起來的 Web 框架要介紹給各位，而且 Ktor 跟 KorGE 一樣，也是百分之百用 Kotlin 打造，是個非同步而且輕量的 Web 框架，你可以用來寫前端網頁程式、也能拿來設計後端程式的 API，以及寫微服務（Microservices），如果想要的話，它也可以用在 Android 的行動開發的網路連線唷，直接行動端跟後端的串接就用 Ktor 一次搞定！ Ktor 的輕量化跟簡單上手的優點非常適合一開始學習後端程式的初學者，因此在接下來的遊戲設計的篇幅，就會實作 Ktor 的程式來讓各位了解囉！

1.2 Kotlin 開發環境安裝

「工欲善其事，必先利其器」在軟體開發界是最能認證這句話的所在了，有個好的開發工具，會讓你開發程式省下非常多的時間，好加在 Jetbrains 公司有提供開發 Kotlin 好用的工具「IntelliJ」，因為工具會把很多開發需要的流程步驟都整合在一起（像是編譯、執行只要按一鍵就能完成），所以在業界都會常聽到這個專有名詞叫做「整合開發工具 IDE（Integrated Development Environment）」。我們話不多說，直接開始進入到「IntelliJ」開發工具安裝的教學，並試著撰寫你的一個 Kotlin 的 "Hello World" 程式，直接快速地進到寫 Kotlin 世界囉！

1.2.1 IntelliJ 哪裡找？怎麼裝？

如果你是第一次接觸「IntelliJ」的初學者，可以依照接下來的步驟慢慢熟悉使用 IntelliJ 工具。首先打開電腦上的瀏覽器，輸入 Google 搜尋 "IntelliJ" 或是前往「JetBrains 官網（https://www.jetbrains.com/idea/）」找到 IntelliJ，眼睛睜大點就能看到「Download」按鈕下載「IntelliJ IDEA Community」社群版本的安裝檔案（如圖 1.2-1），Windows 版本會是 exe 安裝檔案，Mac 版本則是 dmg 安裝檔案。初學用這個版本就夠了。下載時確定一下自己是用 Mac 蘋果電腦或是 Windows 系統的電腦，其他像是有用 Ubuntu、Fedora 系統的就選 Linux 囉（現在應該比較少人用 Linux 了吧…）。

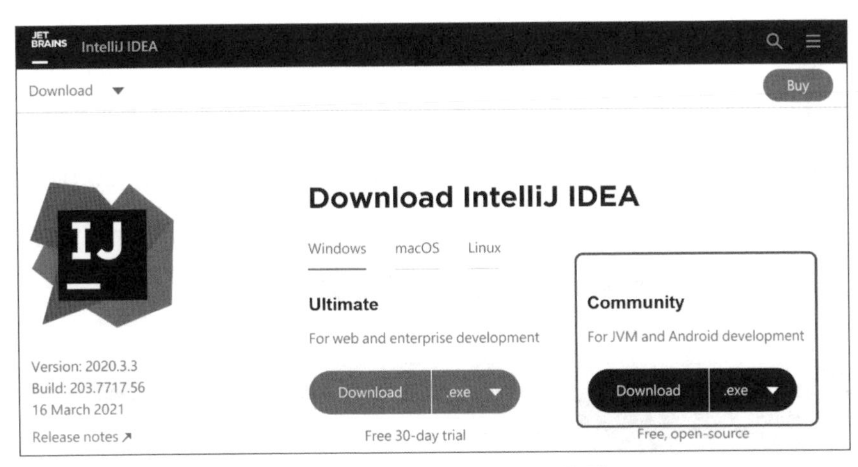

圖 1.2-1　下載 IntelliJ 工具軟體

Windows 電腦安裝

點擊「exe 安裝檔」，就照指示一直按下一步即可（如圖 1.2-2），等待安裝過程結束後，就會跑出「Finish」的按鈕，按下後就算安裝完成了。

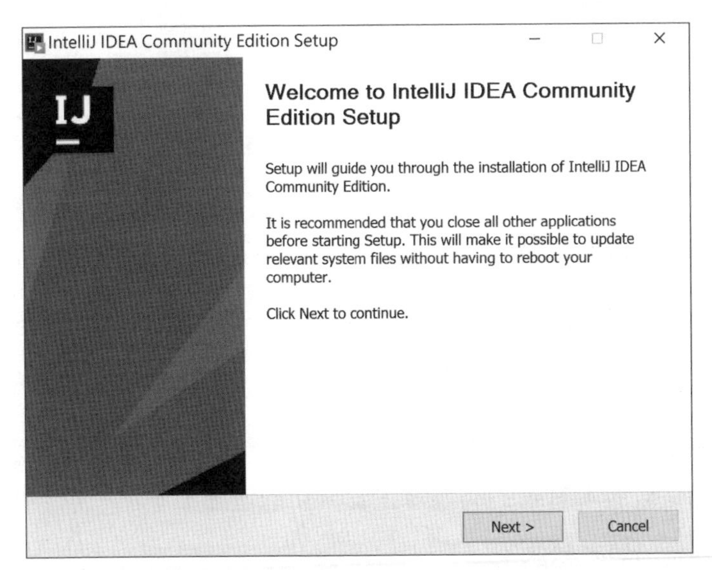

圖 1.2-2　IntelliJ Windows 安裝畫面

Mac 電腦安裝

點擊「dmg 安裝檔」後，會跳出安裝視窗請你在「IntelliJ IDEA CE .dragTo（Applications）」的畫面，將「IntelliJ 圖示」拖曳到「Applications 資料夾」後（如圖 1.2-3），接著到你的 Mac 電腦裡的「Launchpad」就會出現「IntelliJ」的 App 圖示，這樣就表示安裝成功囉。

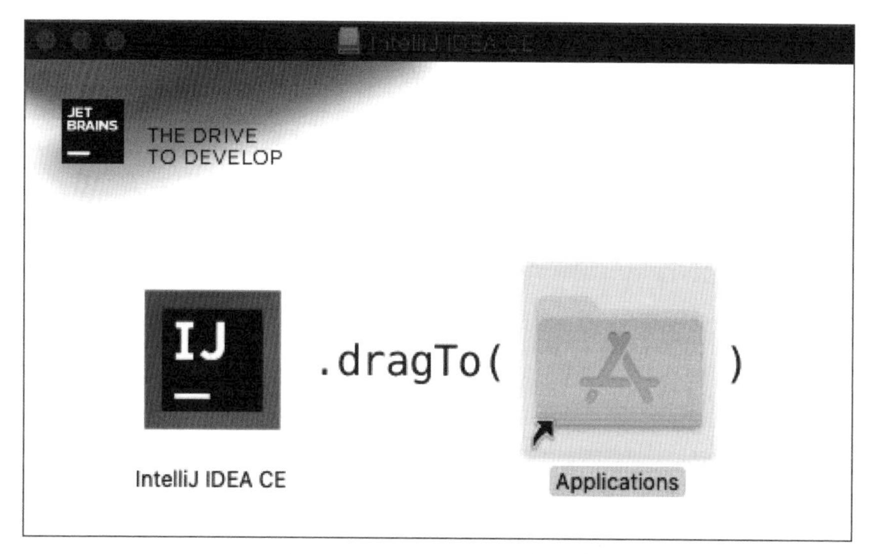

圖 1.2-3　IntelliJ Mac 安裝畫面

窺探 IntelliJ 面貌

裝好就要立馬點擊執行檔案打開「IntelliJ」了，每次打開「IntelliJ」會有一個進版畫面，會把版號寫在上面（如圖 1.2-4），如果你的版號跟書上不一樣不要緊，在寫 Code 上不會有太大差異，除非真的版本差異太多可能畫面不太一樣，或是新版本有新的問題修正或新功能增加，不然一般來說寫一些簡單的程式碼是綽綽有餘的。

圖 1.2-4　IntelliJ 啟動畫面

接下來出現的就是的「IntelliJ」歡迎入口畫面了，會出現三個圖示，分別是「New Project（開新專案）」以及「Open（開啟或匯入專案）」，如果你已經學會 GIT 版本控制的話，可以直接選「Get From VCS」，把 GIT 連結輸入一樣能把程式碼匯入到「IntelliJ」（如圖 1.2-5）。

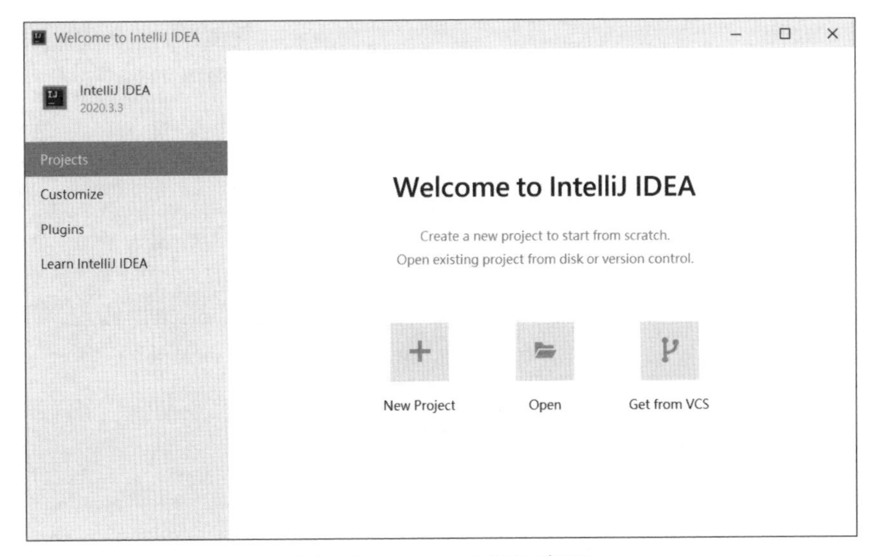

圖 1.2-5　IntelliJ 歡迎畫面

建立新的專案

如果是初次使用「IntelliJ」的你，當然第一選項就是選「New Project」開新專案，建立新專案的第一步先選取畫面左手邊的「Kotlin」，然後中間畫面的「Name（專案名稱）」先取名為「HelloWorld」、「Location（專案放置位置）」可以選擇你想要放置的電腦的資料夾、「Project Template（專案版型）」就先選預設的「Console Application」、「Build System（專案建置系統）」選「IntelliJ」，而「Project JDK（專案的 Java Development Kit）」一開始會顯示 <No SDK>（如圖 1.2-6）。

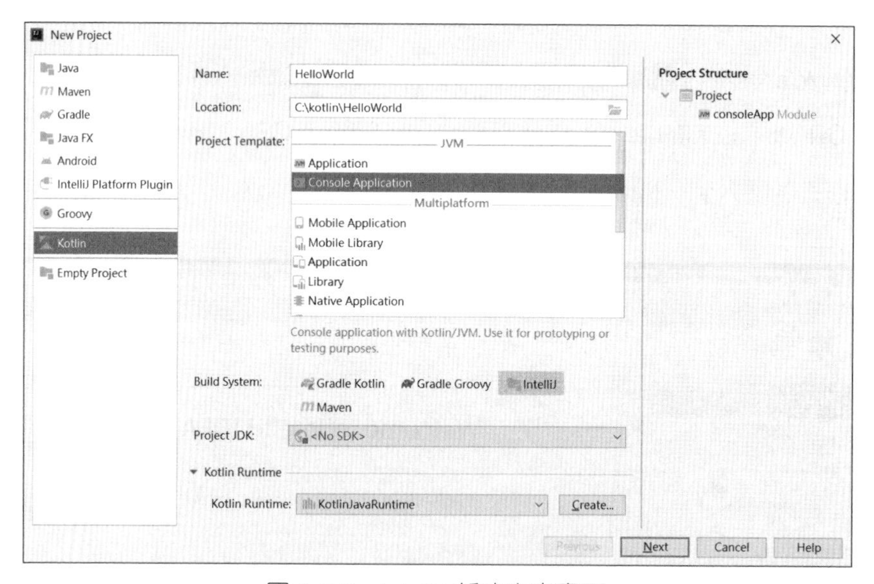

圖 1.2-6　IntelliJ 新建專案畫面

這時你要點擊這個選項，會跳出清單請你選擇 SDK，如果你的系統已經有裝過，會幫你列出來，像鴨鴨助教電腦本來就有 Java 1.8 的版本（如圖 1.2-7）。

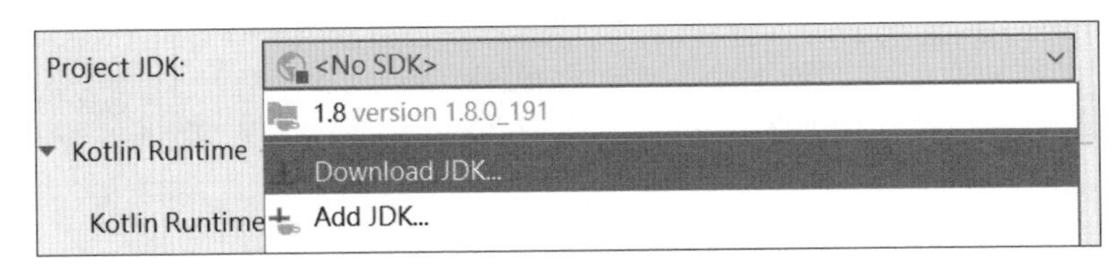

圖 1.2-7　IntelliJ 選擇 SDK 版本畫面

如果發現你的電腦都沒有預設的 JDK，就可以選擇「Download SDK」，選最新的版本 Java 16 來使用就行了（路徑請依照自己電腦的路徑更改喔），按下「Download」稍等就會幫你下載完成（如圖 1.2-8）。

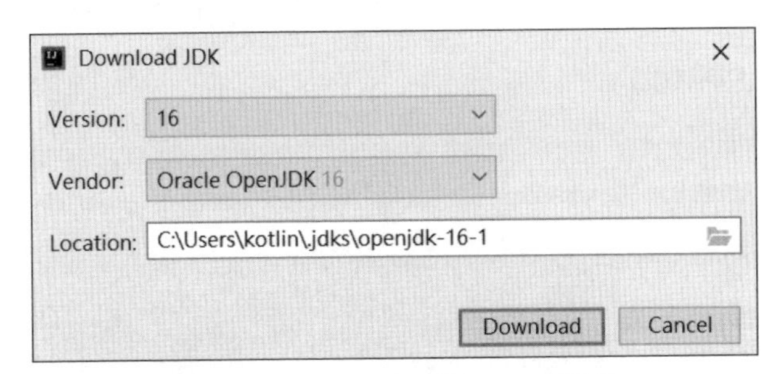

圖 1.2-8　IntelliJ 下載 SDK 畫面

SDK 安裝好後，接下來按下「Next」進到下一頁繼續準備要設定 consoleApp 的內容，裡頭有 Template 跟 Test framework 還有 Target JVM，這些設定選擇預設的就行了（跟截圖不一樣也沒關係），最後按下「Finish」就完成了 Hello World 專案建立（如圖 1.2-9）。

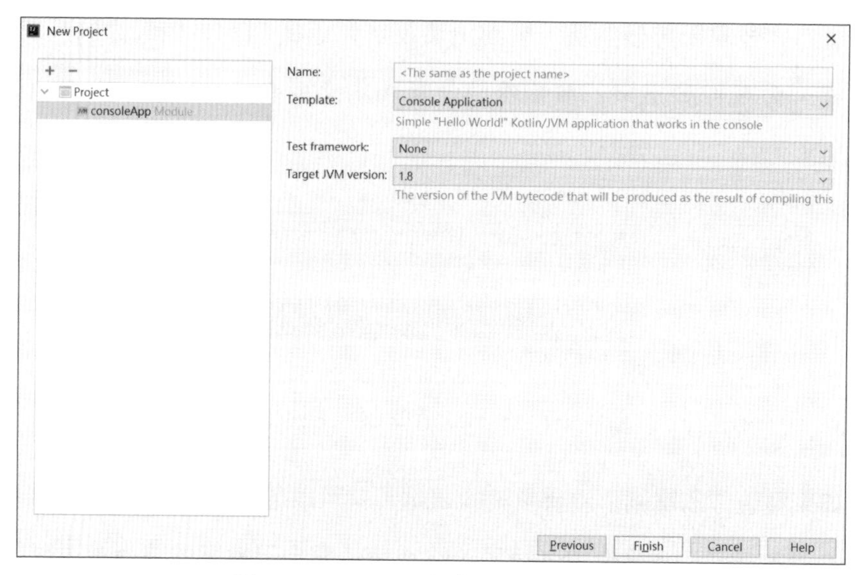

圖 1.2-9　IntelliJ 完成建立專案畫面

接著 IDE 就會出現 Hello World 的新專案，此時你可以注意左邊區塊的 Project（如圖 1.2-10）。

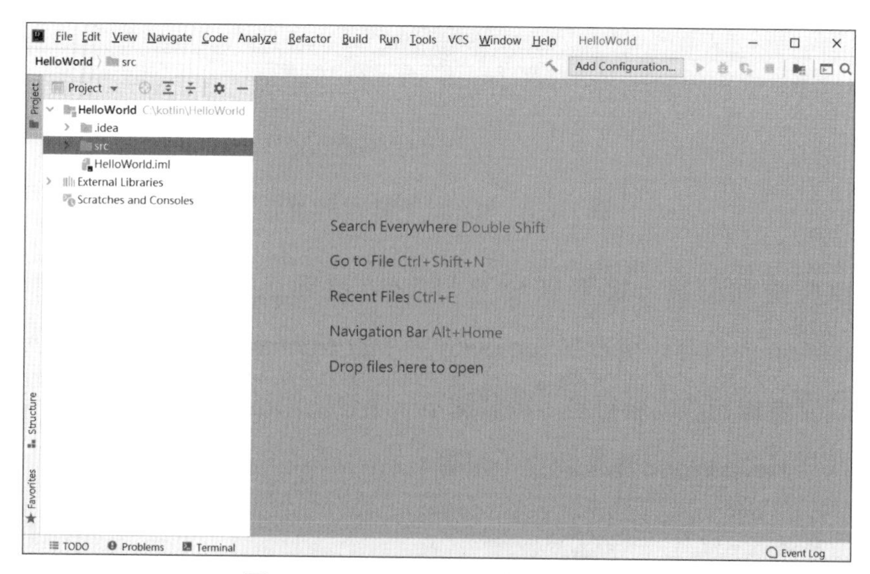

圖 1.2-10　HelloWorld 新專案畫面

但現在只要特別專注在 src 這個資料夾，用滑鼠點開，直到你找到路徑下的「/src/main/kotlin/main.kt」的檔案（如圖 1.2-11）。

圖 1.2-11　HelloWorld 專案結構

.kt 就是 Kotlin 程式的副檔名，你會看到專案資料夾裡會有主程式「main.kt」以及專案設定檔案「build.gradle.kts」跟 gradle 開頭的一些檔案以及專案需要的函式庫「External Libraires」，都是在一開始我們選了 Project Template 為 Console Application，IntelliJ IDE 幫我們產生的。不過一開始我們只要先知道怎麼在專案裡撰寫程式這個動作即可，所以回頭過來把你的滑鼠將「main.kt」點兩下，把檔案給打開，檔案程式碼將呈現在你的專案的右大半區塊（如圖 1.2-12）！

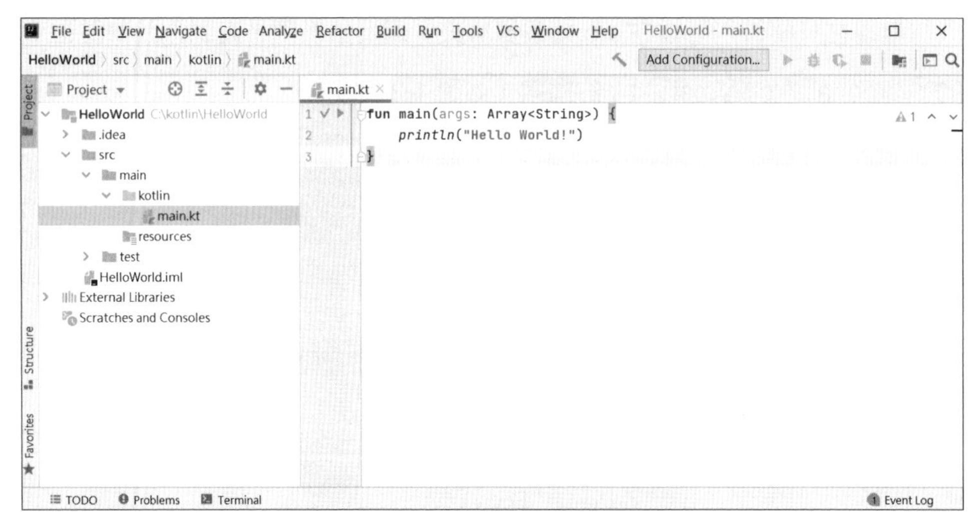

圖 1.2-12　main.kt 程式碼畫面

鴨鴨助教也沒想到現在的 IDE 這麼方便，直接就先幫人寫好「Hello World」程式，連自己動手打 Code 的機會都沒有了（果然時代有在進步），那正好可以更直接專注在解釋程式碼在做什麼了！

說明 main.kt 程式碼

```
fun main(args:Array<String>) {
    println("Hello World!")
}
```

函式的元素	
fun	函式的關鍵字
main	函式的名稱
()	函式的小括號，成對的把函式傳入的參數裝起來
args:Array<String>	傳入的參數
{}	函式的大括號，會成對把程式裝起來
println("Hello World!")	印出 Hello World!

表 1.2-1　函式的元素

先來看第一個關鍵字 fun，其實聰明的你應該很快聯想到就是 function 函式的英文縮寫，而緊接著會有一個空白，再接著 main。

main 就是這一個函式的名稱，緊接後面的 () 就是函式的小括號，而裡面的內容也就是函式傳入的參數 (args:Array<String>)，傳入的參數就是從其他的程式片段呼叫的資訊。傳入的參數也有屬於自己的名稱，也就是 args。而 args 後面的冒號接上的就是參數的類型 Array<String>，Array<String> 可解釋為是字串陣列。

如果覺得這邊都還是問號滿天飛的話沒關係，只要先記得這個函式的名稱是 main，會接收傳入字串陣列的參數 args 就好。然後我們要再進入 main 函式的程式主體，也就是我們要對電腦寫一堆話（程式）的地方，會用大括號給框住，而這第一個 Kotlin 程式要對電腦說的話就是幫我印出 "Hello World!"，也就是你看到的 println("Hello World! ") 這一行程式碼了（這邊的 println 你可以拆開來看是 print + ln 意思就是印出，然後 ln 就是換行的意思）。

既然已經瞭解了這段 main.kt，接著就是要真的把程式執行起來，親眼看見電腦印出 "Hello World!" 的時刻，不知你有沒有注意在程式碼的第一行有一個「綠色箭頭」，那個就是可以快速幫忙啟動執行 main.kt 的按鈕了（如圖 1.2-13）！

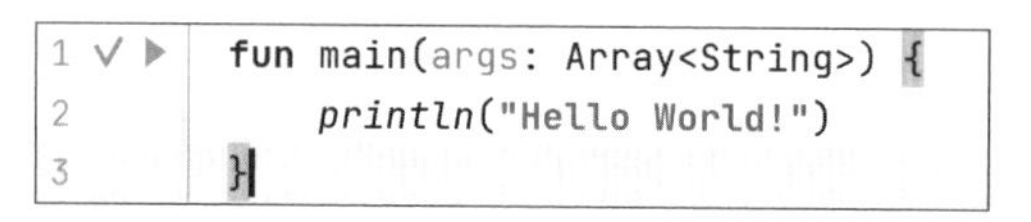

圖 1.2-13　綠色箭頭啟動執行畫面

先選擇「Run 'MainKt'」按下去（如圖 1.2-14）。

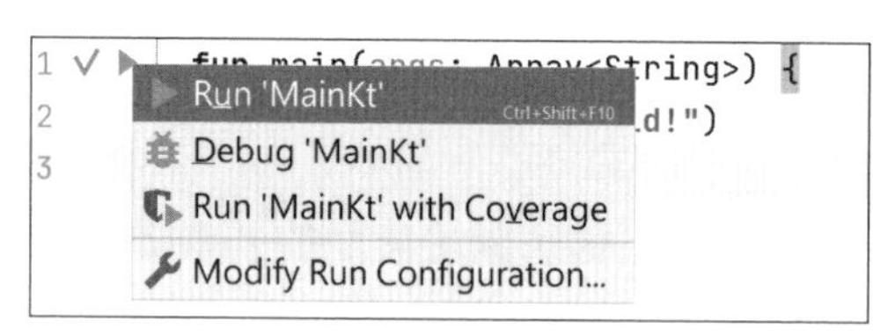

圖 1.2-14　執行 Run 'Main.kt' 畫面

按下去後，IntelliJ IDE 會自動將下方本來的隱藏的 Run 區塊給顯示出來，告訴你 main.kt 檔案的編譯過程跟結果，然後你就能在裡頭看到這段程式執行的結果 Hello World!。

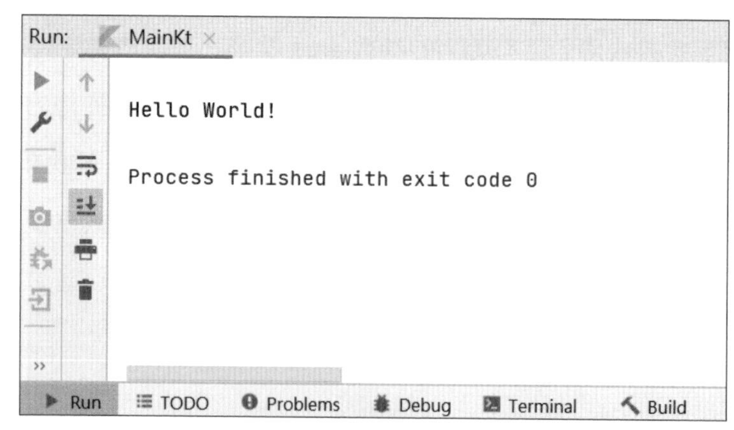

圖 1.2-15　印出結果的 Console 畫面

看到這裡恭喜你已經學會怎麼安裝 IntelliJ 開發工具跟建立第一個 Hello World! 的專案程式，接下來的介紹的章節也會在 IntelliJ 進行程式的撰寫，我們將從 Kotlin 的基礎語法接續下去。

println("Hello World! ") 也是一個函式

你可以試著把滑鼠移到 println("Hello World"!)，然後按著 Mac 按鍵 Command 或是 Windows 按鍵 Control，可以看到 println 的來源程式碼。它也是由 fun 組成的一個函式，接受來自我們在 main 函式寫的 "Hello World" 字串，做出在電腦螢幕上印出訊息的動作唷。

鴨鴨助教的補充

1.3 Kotlin 入門

為了讓初學 Kotlin 的讀者可以更容易進入後續遊戲開發的內容，此章節會先簡單介紹一些 Kotlin 的語法功能，如果你已經是有學過 Kotlin 語法的人已經熟知這些基礎，可以直接跳過此章節，直接進入到第二章介紹 KorGE 的章節開始閱讀。

1.3.1 變數與常數（var，val）

Kotlin 有兩個關鍵字來定義變數，分別是「val」跟「var」。var 就是數值可以隨時再被修改的的變數，而 val 就是被定義後，就不能再被修改的常數。

var 的舉例

寫一個 Hello World!，然後下一步再改成 Hello Kotlin!

```
fun main() {
    var name = "Hello World!"
    println("name:${name}")
    name = "Hello Kotlin!"
    println("name:${name}")
}
```

程式執行結果

```
name:Hello World!
name:Hello Kotlin!
```

val 的錯誤範例

寫一個 Hello World!，然後下一步再改成 Hello Kotlin!

```
fun main() {
    val name = "Hello World!"
    println("name:${name}")
    name = "Hello Kotlin!"
    println("name:${name}")
}
```

當你想把常數 val name 又分配另一個數值，聰明的 IntelliJ IDE 會先幫你做程式語法的檢查，你會發現 name 底下有紅線錯誤提示，將滑鼠移過去會跳出提示小視窗告訴你錯誤的原因「Val cannot be reassigned」，如果不理會錯誤提示，直接執行程式，在程式編譯時，同樣會報錯唷（如圖 1.3-1）。

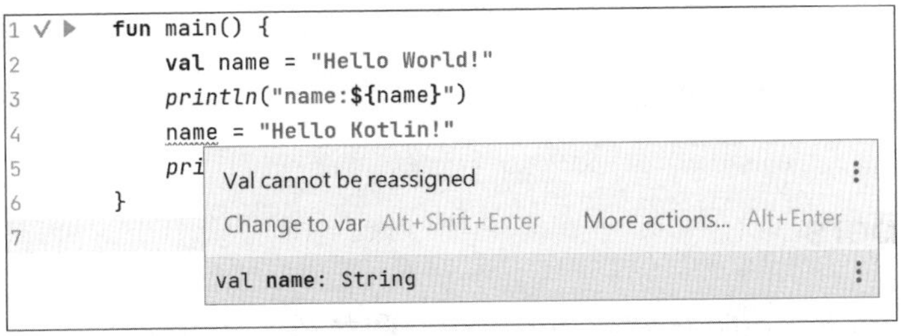

```
1 fun main() {
2     val name = "Hello World!"
3     println("name:${name}")
4     name = "Hello Kotlin!"
5     pri
6 }
7
```


圖 1.3-1　val name 變數強制給值會報錯誤

val 的 OK 範例

只要寫一個 Hello Kotlin!

```
fun main() {
    val name = "Hello Kotlin!"
    println("name:${name}")
}
```

程式執行結果

```
name:Hello Kotlin!
```

跟著鴨鴨助教一起練習

試著想遊戲中的哪些資訊可以用 var 表示，哪些可以用 val 表示？

鴨鴨助教提示：遊戲角色的分數可以用 var 表示，因為在闖關過程中，分數可以透過得到金幣增加，所以分數可以用 var 表示，而一個金幣的得分數可以用 val 表示，在一般遊戲設計金幣得分數會是固定不變的，所以金幣得分數可以用 val 表示。

1.3.2 資料型態（Basic Type）

這裡介紹的 Kotlin 基本的資料型態會有 Numbers、Characters、Booleans、Arrays、Strings，鴨鴨助教就開始逐一解說了。

Numbers

Numbers 是 Kotlin 內建類型的其中一個種類，分別有以下：

類型	長度
Long	64bit
Int	32bit
Short	16bit
Byte	8bit
Double	64bit
Float	32bit

表 1.3-1　Numbers 類型及其長度

鴨鴨助教的碎碎念

以我的經驗來說，最常用的是 Int（一般數字存取），再來是 Long（多用在存時間 timestamp），再來是 Double 跟 Float 存小數點數值（生活中的量體重、量身高），Byte 比較常用在 WiFi 或是藍牙傳輸 raw data，像韌體工師通常都是 16 進位 Hex 思維設計程式，所以通常都會用 Byte，而 Short 就真正在實戰上比較少用了。

Long 範例

記得在程式數字的結尾要加上大寫 L，才會被認得是 Long 型態。

```
var timestampe = 1614556800000L //2021 年 3 月 1 日星期一 08:00:00
```

Int 範例

Integer 就一般很常用的囉，應該大家用起來沒什麼問題。

```
var int_number = 1234 // 整數 1234
```

Short 範例

Short（16bit）就是比較小的 Integer（32bit），能表示的數值比 Integer 少。

```
var short_number = 1234 // 短整數 1234
```

Double 範例

如果有小數點的數值，用 Double 就可以了。

```
var double_number = 1.234 // 小數點 1.234
```

Float 範例

如果想存超級長的小數點數值就用 Float，記得尾巴要加上大寫 F。

```
var float_number = 1.234F // 長小數點 1.234
```

Byte 範例

如果你的需求會有要處理二進位，就能使用 byte，像這個範例就是整數 22，只是用二進位表示，在開頭加上 0b 然後再加上 8 個位元的 00010110。

```
var byte_number = 0b00010110 //8 進位的 22
```

如果要處理十六進位，一樣數值是整數 22，換十六進位表示，在開頭加上 0x 然後再加上 2 個位元的 16。

```
var hex_number = 0x16 //16 進位的 22
```

跟著鴨鴨助教一起練習

試著想遊戲裡有用 Numbers 代表的數值？

鴨鴨助教提示：遊戲中通常很多數值都幾乎是用整數來表現，所以通常都是使用 Int（整數），例如遊戲中角色的分數，我們會宣告 var userScore = 0 來表示。再來就是跟遊戲有關的時間，如遊戲最後登入時間、遊戲遊玩時間，通常程式都會習慣用毫秒來紀錄，因此時間的類型我們會用 Long 來定義，剩下遊戲中的小數點類型，就留給你們想想囉。

程式碼的註解

你有發現每個 Numbers 類型的範例的數字後面都跟著兩個反斜線 //，然後反斜線的後面就是在解說這行程式碼的內容，只要任何程式碼緊接著兩個反斜線 //，編譯器將會忽略不會理會，我們稱之為程式的註解。兩個反斜線是單行的註解，如果你的程式碼有稍微多一點的內容需要解說，可以採用多行程式碼的註解方式，就是用第一個反斜線後面加上星號，第二個反斜線前面加上星號，中間的內容就是你的註解內容。

```
// 單行程式碼註解
/*
  多行程式碼註解：
*/
```

鴨鴨助教的補充

Characters

char 用來表示單字，像是英文字母的大小寫，a 到 z 跟 A 到 Z 。還有可以用跳脫字元＋一些單字組變成特殊用途像是 Tab 空格：\t，換行：\n。比較常用但有時候會搞錯的像是單引號：\'，雙引號："，正斜線：/ 以及反斜線：\\。

char 範例

印出來的前跟後加 – 符號，不然怕看不出 char 印出的結果。

```
var tab = '\t'
var line = '\n'
var quote = '\''
var double_quote = '"'
```

```
var slash = '/'
var backslash = '\\'
println("tab:--${tab}--")
println("line:--${line}--")
println("quote:--${quote}--")
println("double_quote:--${double_quote}--")
println("slash:--${slash}--")
println("backslash:--${backslash}--")
```

程式執行結果

```
tab: --     --
line: --
--
quote: --'--
double_quote: --"--
slash: --/--
backslash: --\--
```

跟著鴨鴨助教一起練習

試著想想有什麼遊戲會用到 Character 這個類型呢？

鴨鴨助教提示：都說 Character 可以表示英文字母的 a-z 了，應該很快就會聯想到拼字遊戲吧！不知道大家是不是一開始學英文打字時，都有下載一些打字遊戲來練習呢？如果各位學會怎麼寫小遊戲後，也可以試試看設計不同類型的英文打字遊戲喔！

什麼是跳脫字元？

跳脫字元就是一個反斜線字元為代表 \，而某些字元正是需要跳脫字元寫在前面才能真正代表它的意義，如同 char 範例的 \t, \n, \' 跟 \\ 都是需要加上跳脫字元才能正常執行顯示。

鴨鴨助教的補充

Boolean

Booleans 中文叫「布林值」，主要會出現在條件式判斷，它的值就是 true（真），或是 false（假）來表示。

是真的範例

```
val isTrue = true
println("是真的:${ isTrue }")
```

程式執行結果

```
是真的: true
```

是假的範例

```
val isFalse = false
println("是假的:${ isFalse }")
```

程式執行結果

```
是假的: false
```

而通常伴隨著 Boolean 一起出現的布林代數符號有 !、&&、||。

否定符號 !

否定符號 ! 英文稱作 negation，會把 true 變 false，反過來也會把 false 變 true。

```
val isNotTrue = !isTrue
val isNotFalse =!isFalse

println("非真的:${ isNotTrue }")
println("非假的:${ isNotFalse }")
```

程式執行結果

```
非真的： false
非假的： true
```

用在判斷式的 AND

兩個 && 表示（稱作 lazy conjunction），通常用在兩件事情要同時成立時的判斷。

```
val isLazyConjunction = isTrue && isFalse
```

判斷兩者都為真的範例

同時是雨天且又沒帶傘。

```
val isBad = isRanningDay && NoUmbrella
```

用在判斷式的 OR

兩個槓槓（稱作 lazy disjunction），通常用在兩件事情只要一個成立就好。

```
val isLazyDisjunction = isTrue || isFalse
```

判斷只要其中之一條件符合的範例

只要有身分證或是健保卡證明身份就行了。

```
val isValidUser = hasIdentityCard || hasHealthInsuranceCard
```

跟著鴨鴨助教一起練習

試著想想遊戲裡什麼時候有機會用到真或假的判斷呢？

鴨鴨助教提示：通常只要提出個疑問句，就可以很容易聯想到是真的或是假的判斷了，這時候會聯想到的遊戲類型就會是猜題類型的遊戲，或是有時候會跳出一些提示視窗，要你做下一步的決定，例如：你是否要繼續遊戲？

String

String 應該就是超常見的類型了，從用 IntelliJ 開 Kotlin 新專案的程式也是把 "Hello World! " 字串印出來。

字串的變數的範例

```
val firstWord = "Hello World!"
println(firstWord)
```

程式執行結果

```
Hello World!
```

也可以把在 char 學的 \n 換行字元放到字串裡，達到換行效果。

帶有 char 字元的字串變數的範例

```
val stringWithNewLine = "Hello World!\nHello Kotlin!"
println(stringWithNewLine)
```

程式執行結果

```
Hello World!
Hello Kotlin!
```

換行的字串的範例

如果不想要寫 \n 換行，可以用一對三個雙引號，直接可以按 Enter 做換行動作。

```
val threeDoubleQuoteString = """
     用一對三個雙引號可以直接按 Enter 換行 """
println("threeDoubleQuoteString:${threeDoubleQuoteString}")
```

程式執行結果

```
threeDoubleQuoteString:
     用一對三個雙引號可以直接按 Enter 換行
```

如果有人嘗試想直接用一對雙引號加 Enter 換行，但是會出現編譯不過錯誤。

```
val oneDoubleQuoteString = "
     用一對雙引號沒辦法直接按 Enter 換行 "
println("oneDoubleQuoteString:${oneDoubleQuoteString}")
```

執行 IntelliJ 的 Run 後，Problems 區塊會顯示根本錯誤原因（如圖 1.3-2）。

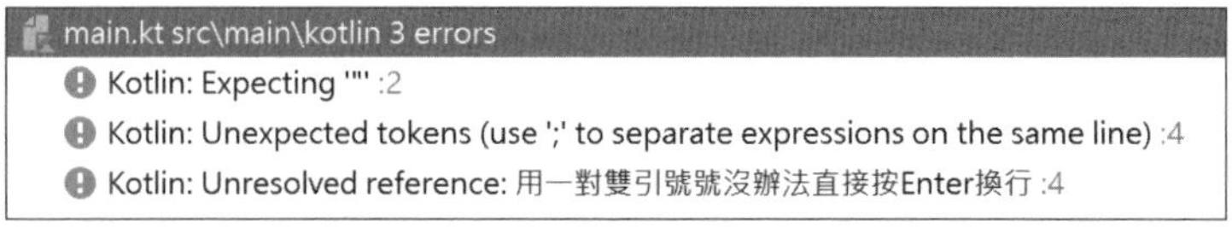

```
main.kt src\main\kotlin 3 errors
  Kotlin: Expecting '"' :2
  Kotlin: Unexpected tokens (use ';' to separate expressions on the same line) :4
  Kotlin: Unresolved reference: 用一對雙引號號沒辦法直接按Enter換行 :4
```

圖 1.3-2　一對雙引號無法 Enter 換行

String Template

Kotlin 的特點之一，可以用錢字符號 $ 加上變數後跟字串串接在一起，這個方法我們稱之為「String Template」，如果你有仔細發現的話，大量的舉例都會利用「$」符號來將變數跟字串結合。

字串模板的範例

```
val name = "Hello Kotlin!"
println("name:${name}")

val count = 10
println("count :${count}")
```

程式執行結果

```
name: Hello Kotlin
count: 10
```

跟著鴨鴨助教一起練習

試著想想遊戲中有哪些地方會用到 String 或 String Template 呢？

鴨鴨助教提示：這個練習對各位應該都是一塊小蛋糕，除非你的遊戲都不打算使用到任何說明或是連遊戲名稱跟作者都省略不用字串表示，那可能遊戲介面顯示的部分都需要字串了！我就舉個遊戲常見的角色的等級，通常都會用個 LV 縮寫來表現，然後等級多少就會緊跟著這個 LV 之後，也就可以利用 "LV:${user_level}" 來幫忙我們顯示角色的等級囉！

Arrays

想要表示一群相同類型的變數，可以用陣列 Array 來表示，將變數放入 arrayOf()。

數字的陣列

```
val integerArray = arrayOf(1, 2, 3)
val doubleArray = arrayOf(1.2, 3.3, 4.5)
```

字串的陣列

```
val lastNameArray = arrayOf("Chang", "Lee", "Chen")
var firstNameArray = arrayOf("Yaya", "James", "Chris")
```

跟著鴨鴨助教一起練習

試著想想遊戲中有哪些地方會用到 Array 呢？

鴨鴨助教提示：這邊就試著去想遊戲中有什麼會是同類型的東西，這時我想到的是通常遊戲角色設計都會不只一個，所以角色的名稱就能用字串的陣列去記下來。

本書會應用到的 Kotlin 的基本型態都大致介紹了，若有在後面章節出現的會再補充介紹。

1.3.3 控制流程（Control flow）

程控制流程意思就是請程式來做決定！不知各位是不是有聽聞過，人生就是不斷地在做選擇題，決定你的下一步該怎麼走下去，而程式也是相同，需要輸入一行一行的程式碼，來決定程式該怎麼運作下去。

» if

if 是在程式裡最常用來做條件判斷的關鍵字了，會是以下的格式：

```
if(條件為真的判斷){
    //程式要做的事情
}
```

if 的判斷式範例

```
if(age >= 18){
    //可以考汽車駕照
}
```

» else

else 通常就是對應 if 條件判斷的另外一個選擇，搭配 if 來翻成白話來說的話，就是把 if 想成 " 如果發生了什麼事，就可以這樣做 "，而 else 則表示 " 否則就那樣做 "。

else 判斷式範例

延伸上一個例子，滿 18 歲才能考駕照，否則不能考駕照。

```
if(age >= 18){
    // 可以考汽車駕照（滿 18 歲的人）
}else{
    // 不能考汽車駕照（未滿 18 歲的人）
}
```

else if

如果你的如果的事情很多，想在程式裡寫成判斷式一樣可以幫你實現出來。

else if 判斷式範例

餐廳營業時間早上 11：00 - 14：00，晚上 17：00 - 21：00，其餘時間休息。

```
var nowTime = 12
if(nowTime >= 11 && nowTime <= 14){
    // 早上營業時間
}else if(nowTime >= 17 && nowTime<=21){
    // 晚上營業時間
}else{
    // 打烊時間
}
```

跟著鴨鴨助教一起練習

想想遊戲中有什麼部分可以應用到 if 跟 else 的判斷式呢？

鴨鴨助教提示：其實這個問題跟 1.3.2 的 Boolean 的練習幾乎是一樣的，因為 if 跟 else 所寫的判斷式的結果就是 Boolean 的 True 或是 False，所以想想看有什麼要回答是與否的遊戲情境吧！

邏輯運算子

在前面的餐廳營業時間的例子，我們將營業時間的判斷式用大於等於，小於等於來做條件的符合的判斷，而大於 >、等於 ==、小於 <、大於等於 >=、小於等於 <= 的符號就稱作是邏輯運算子。

» when

另一個常用的條件判斷式的關鍵字就是 when 了，可以把更多的條件判斷式更簡潔有力地條列出來，使用的語法就是 when 加上大括號，然後列出判斷式，判斷式會緊接著 -> 的符號，表示如果符合該判斷式的條件，就會執行 -> 的大括號的程式。

when 的範例

```
when{
    (nowTime >= 11 && nowTime <= 14)->{
        // 早上營業時間
    }
    (nowTime >= 17 && nowTime<=21)->{
        // 晚上營業時間
    }
    else->{
        // 打烊時間
    }
}
```

when 也可以緊接著括號加上變數，針對這個變數去寫對應的條件判斷式。

when 加上變數的範例

```
var number = 0
when(number){
    1, 3, 5, 7, 9->{
        println("我是奇數")
    }
    2, 4, 6, 8, 10->{
        println("我是偶數")
    }
    else->{
        println("我是非 1 到 10 的數字")
    }
}
```

1.3.4 迴圈（Loops）

在程式設計裡迴圈也是常用的語法之一，主要運用在需要處理有重複結構的事件，而常見的關鍵字就是 while 跟 for。

while

while 的寫法如下：

```
while(條件式){
    //要做的事情
}
```

通常 while 的使用情境會是有一個需要達成的條件，一旦達成後就會不斷地處理。

while 不停的範例

不停止地說 Hello!（通常不建議這樣做，會讓你的電腦當機啊！）

```
while(true){
    println("Hello!")
}
```

while 倒數的範例

或是另外一例子，倒數 5 秒，印出倒數秒數。

```
var count = 5
while(count >= 0){
    println("倒數${count}秒")
    count-=1
}
```

程式執行結果

```
倒數 5 秒
倒數 4 秒
倒數 3 秒
倒數 2 秒
倒數 1 秒
倒數 0 秒
```

for

for 通常會用在有限制的數量條件，在滿足數量之前會重複處理。

for 的範例

從 1 加到 10（在 i 計數到 10 之前都會將總數一直加總）。

```
var sum = 0
for(i in 1..10){
    sum += i
}
println("加總：${sum}")
```

程式執行結果

```
加總：55
```

另一個常用的應用就是利用 in 關鍵字來處理陣列物件：

```
for(物件變數 in 陣列物件){
    //處理陣列物件
}
```

將名字陣列輪流印出的範例

```
val nameList = arrayOf("Yaya", "Kotlin", "Korge")
for(name in nameList){
    println("你的名字：${name}")
}
```

程式執行結果

```
你的名字：Yaya
你的名字：Kotlin
你的名字：Korge
```

跟著鴨鴨助教一起練習

試著想想遊戲中有什麼部分可以用迴圈來呈現？

鴨鴨助教提示：剛剛其實前面的 while 範例已經舉了一個很常在遊戲中使用的倒數計時功能，那也能反過來想用個正數的功能囉，那就想想看有什麼東西是累積加上去的元素！像是經驗值、遊戲中的錢幣，相信大家都有玩遊戲的經驗，結算畫面都有數字跟進度條往上增加跟往右填滿，這時就能利用迴圈的功能來幫忙實現了。

1.3.5 範圍（Range）

Range

Range 在前一小節 for 迴圈時已經有使用到了，其中一個就是數字的範圍區間，用兩個點點 .. 來表示。

1 到 10 的範例

```
val oneToTen = 1..10
```

這裡分別用 Java 跟 Kotlin 舉例來印出 1 到 10 的程式，來讓大家各自體會兩者不同的表現方式。

用 Java 寫法的範例

需要寫一個小於等於 10 的判斷式，來告訴程式計數到 10。

```
for(int i =1; i <=10; i++){
    println("i:"+i)
}
```

用 Kotlin 寫法的範例

透過 in 這個關鍵字，加上兩個點寫出數字範圍 1..10。

```
for(i in 1..10){
    println("i:${i}")
}
```

Range 還提供了一些好用的方法 until、indices、rangeTo、downTo、reversed、step：

until

以前要取得陣列的內容寫迴圈 <= 都要特別記得 count-1 要不就是要記得寫 <，不然忘記就很容易會 index outOfRanage，現在有 until 就不用寫 count-1 了。

用 Java 寫法的範例

```
int[] intList = new int[]{1, 2, 3};
for(int i =0; i < intList.length; i++){
    System.out.println("i:"+i);
}
```

用 Kotlin 寫法的範例

```
val intList = intArrayOf(1, 2, 3)
for (i in 0 until 3) {
    println("value:${intList[i]}")
}
```

until 的原始碼就是幫你把傳入的數值 -1

參考 until 的方法，就可以發現傳入的變數 to 最後會減 1

```
public infix fun Int.until(to: Int): IntRange {
    if (to <= Int.MIN_VALUE) return IntRange.EMPTY
    return this .. (to - 1).toInt()
}
```

鴨鴨助教的補充

indices

陣列也可以用 indices 方法表示（相當於變成 0.. 物件長度）。

```
for(i in intList.indices) {
    println("value:${intList[i]}")
}
```

看一下陣列的 indices 方法，就知道為什麼是 i in 0.. 物件長度

參考 indices 的方法，就可以發現回傳的數值就是從 0 到物件的長度

```
public val IntArray.indices: IntRange
    get() = IntRange(0, lastIndex)
```

鴨鴨助教的補充

如果是第一次學程式的，對於「小於 <」，「小於等於 <=」這些邏輯再搭配陣列長度，需要寫得程式夠多，嘗試幾次後才能用得比較準確，不然很容易會發生錯誤。不過 Kotlin 有點用平常寫英文的方式來表示，可能會比較簡單好理解了。

rangeTo

使用 rangeTo 數字會隨著數字範圍順著計數。

順著數範例

```
for(i in 1.rangeTo(10)){
    println("i:${i}")
}
```

downTo

使用 downTo 數字會隨著數字範倒著計數。

倒著數範例

```
for(i in 10.downTo(1)){
    println("i:${i}")
}
```

reversed

順著之後加上 reversed 方法又可反向倒著數。

反向數範例

```
for(i in 1.rangeTo(10).reversed()){
    println("i:${i}")
}
```

step

step 方法能跳著間隔計數。

間隔數範例

```
for(i in 1.rangeTo(10).step(2)){
    println("i:${i}")
}
```

1.3.6 函式（Function）

我們在一開始的 Hello World! 範例，就已經介紹過 main 函式，相信各位並不陌生，函式其實就是代表了一個片段的程式碼，而且可以被重複使用，就猶如我們會一直在範例中會一直使用 println 函式幫我們在電腦螢幕上印出訊息。在這一小節我們就介紹一些函式的定義跟用法。

基本的函式

鴨鴨助教在 1.2.2 小節 " 說明 main.kt 程式碼 " 時有講解了函式的定義，可以回頭複習，這裡列出最基本簡單的函式，不帶參數也不回傳數值。

```
fun printBookName() {
    println("用 Kotlin 做出第一個跨平台小遊戲")
}
```

呼叫不帶參數跟不回傳值的函式：

```
printBookName()
```

程式執行結果

```
用 Kotlin 做出第一個跨平台小遊戲
```

帶入參數的函式

函式也可以帶入參數，讓程式碼可以依據不同的傳入值，有不同的結果。

```
fun printMyAge(age: Int) {
    println("我的年齡:${age}歲")
}
```

呼叫有帶參數的函式：

```
printMyAge(20)
```

程式執行結果

```
我的年齡:20 歲
```

帶入多個參數的函式

函式還可以同時帶入多個參數。

```
fun calculatePrice(price:Int, discount: Double) {
    println("價錢為:${price*discount}")
}
```

呼叫有帶多個參數的函式：

```
calculatePrice (100, 0.8)
```

程式執行結果

```
價錢為:80.0
```

函式的參數可帶上預設值

函式的參數還有一個很有彈性的設計，就是可以替參數先預設設定數值。

```
fun calculatePrice(price:Int, discount:Double=0.9){
    println("價錢為:${price*discount}")
}
```

呼叫有帶有預設值的函式：

```
calculatePrice (100) // 商品未輸入折數的時候，預設都打九折
```

程式執行結果

```
價錢為 :90.0
```

函式的參數可寫上參數名稱

在呼叫函式時，可以寫上「參數名稱 = 數值」，讓程式碼更容易閱讀：

```
calculatePrice (price=500, discount=0.8) // 商品 500 元打 8 折
```

有回傳類型的函式

在函式的小括號後加上冒號並緊接著回傳的類型，然後函式內的最後一行寫上 return 關鍵字加上回傳數值。

```
fun calculatePrice(price:Int, discount:Double=0.9):Int{
    return (price*discount).toInt()
}
```

呼叫有帶回傳類型的函式：

```
val toatalPrice = calculatePrice (price=500, discount=0.8) +
                        calculatePrice (price=400, discount=0.8)
println(" 價錢為 :${ toatalPrice }") // 加總兩本不同價錢的書
```

程式執行結果

```
價錢為 :720
```

函式也可用省略括號用一行的方式呈現

```
fun printBookName() = println("用 Kotlin 做出第一個跨平台小遊戲")
fun calculatePrice(price:Int, discount:Double=0.9) = (price*discount).
                                                                toInt()
```

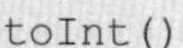

跟著鴨鴨助教一起練習

試著想想遊戲中有什麼部分是可以獨立出一個功能的函式？

鴨鴨助教提示：有時常玩遊戲的朋友，一定知道角色通常都有個等級，而等級數值的算法，一定會是一個需要獨立出來的部分，否則在專案有好幾個等級算法散佈在各處，萬一企劃有更動，有地方沒改到，可能就會被玩家客訴到飛天的！

Unit 類型

如果沒有回傳值，則不用在函式裡加上 return。沒有回傳類型的函式格式原本樣貌是 fun myFunction():Unit，只是 Unit 類型在程式裡可選擇不用撰寫出來，所以一般都直接看到是 fun myFunction() 的寫法。

鴨鴨助教的補充

鴨鴨助教的碎碎念

Kotlin 的函式其實還有高階函式跟 Lambda 函式，但本書介紹的遊戲製作範疇並不會使用到，因此略過不著墨介紹。

1.3.7 類別（Class）

介紹「class 類別」之前，這邊鴨鴨助教要大家先發揮想像力，或是實際拿起紙筆或直接打開電腦的的記事本，試著把自己身邊的一個事物寫下來，例如：一本書，而書本會有什麼細節呢？會有書名、頁數、作者、出版社，還有頁數等等。在現實的世界我們可以透過文字來描述這本書，那在程式的世界表達這一本書的方式就是用 class 類別來定義了。

類別的定義

```
class Book() {}
```

類別的元素	
class	類別的關鍵字
Book	類別的名稱
()	類別的小括號，也是類別的主要建構函數，用途就是當類別要變成實體物件時，會呼叫這個建構
{}	類別的大括號，包含了類別內的細節跟功能，但類別沒有內容的話可以省略大括號

表 1.3-2 類別的元素

上面的定義只是寫一個類別的空殼，還沒有把類別的內容寫進去，而類別的內容相當於就是在描述你定義的類別會有哪些細節跟行為，在類別的定義上這個細節我們會稱為「類別屬性（properties）」，而行為我們會稱作「類別函式（functions）」。

接著我們把一本書的細節「類別屬性」跟書本想要呈現的行為「類別函式」試著寫出來。

```
class Book{
    // 書本的細節（類別屬性）
    var name: String = "用 Kotlin 做出第一個跨平台小遊戲"
    var author:String = "Yaya Chang"
    var publisher:String = "博碩出版社"
    var pageCount = 500
    var price = 600
    // 書本的行為（類別函式）
    fun printInfo(){
        println("書名:${name}")
        println("作者:${author}")
        println("出版社:${publisher}")
        println("頁數:${pageCount}")
        println("價錢:${price}")
    }
    // 計算書本的價錢（類別函式）
    fun calculatePrice():Int{
        return price
    }
}
```

類別的使用

定義好書本類別的屬性跟函式後，我們就可以開始學著怎麼使用類別。首先，要做的事就是跟程式宣告有一本書：

```
val book = Book()
```

讀取類別屬性

上述的程式碼 book 的類型就是 Book 類別，這時如果我想要取用這個 book 的書名或是作者時，也就是在變數 book 後面加上一個點，就能取用 book 類別的屬性。

```
println(" 書名 :${book.name}")
println(" 作者 :${book.author}")
```

程式執行結果

```
書名：用 Kotlin 做出第一個跨平台小遊戲
作者：Yaya Chang
```

更改類別屬性內容

因為 book 的 name 是用 var 可變動的變數來定義，所以可以直接在程式裡更改 name 的內容。

```
book.name= "用 Kotlin 手作出第一個跨平台小遊戲"
println(" 書名 :${book.name}")
```

程式執行結果

```
書名： 用 Kotlin 手作出第一個跨平台小遊戲
```

使用類別函式

同樣的道理，想要試著取用 book 的所有書本資訊，也是只要 book 後面加上一個點，就能取用 book 類別的函式。

```
book.printInfo()
```

程式執行結果

```
書名：用 Kotlin 做出第一個跨平台小遊戲
作者：Yaya Chang
出版社：博碩出版社
頁數：500
價錢：600
```

類別宣告帶入屬性

類別的小括號，也就是類別的「建構函數」，也可以把上述這些類別屬性寫在小括號裡的方式來寫。

```
class Book(var name:String, var author:String, var publisher:String,
                          var pageCount:Int, var price:Int)
```

這樣就可以等在宣告建立一本新書時，再給予這本書的屬性即可，不用急著先定義在類別裡，這樣這個書本類別就可以更有彈性的被使用。

```
// 建立兩本書
val book1 = Book("用 Kotlin 做出第一個跨平台小遊戲", "Yaya Chang", "博碩
                                          出版社", 500, 600)
val book2 = Book("用 Kotlin 做出好幾個小遊戲", "鴨鴨助教", "鴨鴨出版社",
                                                    666, 650)

// 印出書本資訊
book1.printInfo()
book2.printInfo()
```

程式執行結果

```
書名：用 Kotlin 做出第一個跨平台小遊戲
作者：Yaya Chang
出版社：博碩出版社
頁數：500
價錢：600
書名：用 Kotlin 做出好幾個小遊戲
作者：鴨鴨助教
出版社：鴨鴨出版社
頁數：666
價錢：650
```

跟著鴨鴨助教一起練習

試著想想遊戲中有什麼東西是可以用類別呈現？

鴨鴨助教提示：遊戲中幾乎很多地方都能用類別呈現，你能想到的遊戲中的元素大部分都能用類別來定義，例如遊戲玩家的資訊，包含了 id 識別碼、暱稱、等級、最高得分，就能直接寫成 UserInfo(var id:Long, var nickName:String, var level:Int, var highest score:Int)。

類別的繼承

類別還有另一個特性，就是可以「繼承」另一個類別，其實所有的 Kotlin 類別都是繼承自一個叫作「Any」的類別，我們也會稱作 Any 是所有 Kotlin 類別的「Super Class/Parent Class/Base Class」，只是在寫程式的時候，不必特別都要寫繼承來自 Any 類別，可以省略，而相對繼承而來的類別我們可以稱作「Sub Class/Child Class/Derived Class」，鴨鴨助教若用中文都稱呼「繼承」跟「被繼承」的類別就是「子類別 Sub Class」跟「超類別 Super Class」。

超類別

Koltin 的類別還有一個特性就是所有類別預設都是 final，無法直接被其它類別繼承，所以如果想要一個類別可被其它類別繼承，就要在類別名稱的前面加一個關鍵字「open」，這樣類別才會變成超類別。

```
open class Book(){}
```

已經知道類別繼承要加上「open」，若要繼承這個類別的做法是在類別名稱後面「加上冒號」並緊接著要繼承的「超類別名稱」。

子類別

舉例：試著將電子書類別來繼承 Book 的類別

```
class EBook:Book(){}
```

而類別可以被不同的類別繼承，所以除了電子書 EBook 繼承自 Book 類別，同樣有聲書 AudioBook 也可以繼承自 Book 類別。

```
class AudioBook:Book(){}
```

繼承的屬性使用

繼承後的類別會保有超類別的屬性跟函式，所以產生新的類別就不用再花時間寫重複定義的內容，能直接呼叫使用。

舉例：試著在電子書 EBook 物件呼叫繼承的 Book 的屬性

```
val ebook = EBook()
ebook.name = "用Kotlin做出第一個跨平台小遊戲(電子版)"
```

繼承的函式使用

舉例：試著在電子書 EBook 物件呼叫繼承的 Book 的函式

```
val ebook = EBook()
ebook.printInfo()
```

繼承的覆寫

一定有人會想到有些父類別的東西，繼承過來後，不一定符合本來類別的需要，例如，電子書的訂價規則跟一般書的訂價會有差別，這時應該是針對計價的方式需要進行程式上的修改，所以這時我們要做的動作叫做「繼承的函式覆寫」，使用的方式就去要在父類別的函式先加上 open 關鍵字，而子類別要覆寫這個函式就要使用「override」這個關鍵字了。

舉例：子類別電子書覆寫超類別 Book 的 calculatePrice () 函式

```
open class Book(){
    var price = 600
    open fun calculatePrice():Int{
        return price
    }
}
class EBook:Book(){
    override fun calculatePrice():Int{
        return price
    }
}
```

既然有覆寫父類別的函式，那當然也可也覆寫父類別的屬性囉。

像是 Book 的書名一定會是變動的，所以把書名的屬性加上關鍵字 open，讓繼承的類別屬性可覆寫。

```
open class Book(){
    open var name = "用 Kotlin 做出第一個跨平台小遊戲"
}
class EBook:Book(){
    override var name = "用 Kotlin 做出第一個跨平台小遊戲（電子版）"
}
```

子類別沿用超類別

繼承的類別除了覆寫超類別屬性跟函式之外，它也能沿用超類別的屬性跟函式，在子類別再做其它的變化。

舉例：電子書繼承來自 Book 類別，可直接沿用 Book 的書名，只要在電子書名後面多附加（電子書）即可。

```
open class Book(){
    var name = "用 Kotlin 做出第一個跨平台小遊戲"
}
class EBook:Book(){
    override var name = "${super.name}（電子版）"
}
```

舉例：紙本書打九折，電子書的價錢再打 9 折（只是舉例別當真）。

```
open class Book(){
    var price = 600
    open fun calculatePrice():Int{
        return (price*0.9).toInt()
    }
}
class EBook:Book(){
    override fun calculatePrice():Int{
        return (super.calculatePrice()*0.9).toInt()
    }
}
```

鴨鴨助教的碎碎念

類別的內容不只鴨鴨助教寫出來的這些，還有像是抽象類別、介面、多型、等等很多的東西可以介紹，不過鴨鴨助教在類別的部分就先教各位有個概念，先學會自己能將想像到的東西試著用類別用程式寫出來，以運用到遊戲設計的部分，而更深入的內容，若在實作上有運用到會在額外補充說明喔。

1.3.8 空值安全（Null Safety）

在 Kotlin 的世界裡，所有的變數是指向物件的參考（reference），例如：var test:Int = 1，test 的型別是整數，並且是指向整數物件且內容數值為 1。而當你把變數 test 的重新給一個新的數值，例如：test = 10，其實就是指向另一個整數物件且內容數值為 10。（如圖 1.3-3）虛線表示變數 test 已經解除跟 Int 整數 1 的參考，進而去參考 Int 整數 10 的物件。

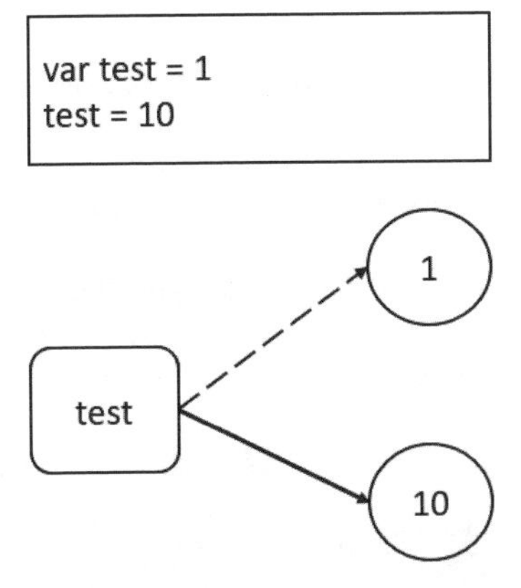

圖 1.3-3　變數 test 指向整數物件

如果想要移除變數的參考的動作就是將變數設成 null 空值。不過鴨鴨助教這邊要先踩一下煞車，可能各位的第一直覺會直接把程式碼就寫成 test = null，或是你有學過其它像是 Java 語言可能就很直接的把變數設成 null 空值，但 Kotlin 在對變數的處理是如果一開始變數沒有設定為可以接受空值（nullable），直接給 null 空值，是在程式進行編譯時會發生錯誤的提示（如圖 1.3-4）。

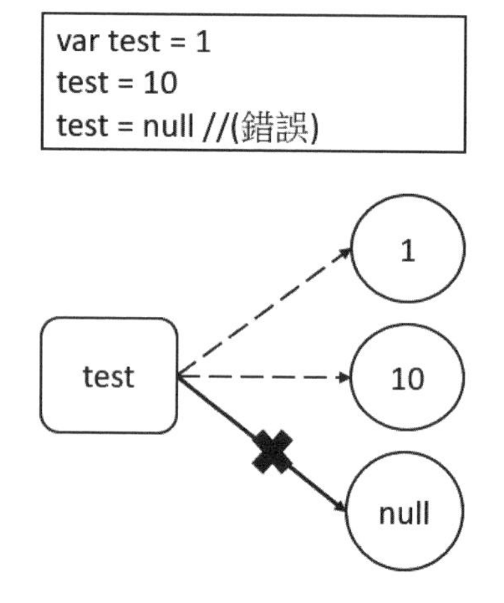

圖 1.3-4　變數 test 不能移除參考

實際在 IDE 裡頭寫這一段變數 test 硬塞 null 空值也會提示你「Null can not be a value of non-null type Int」，這時候就能呼應鴨鴨助教在（1.1.1 小節）提到的 Kotlin 編譯器會檢查變數是否為 null 空值，因為只要有 null 空值的存在，一旦不小心存取到，程式就會發生 null 空值異常拋出的錯誤，造成程式的崩潰（Crash）（如圖 1.3-5）。

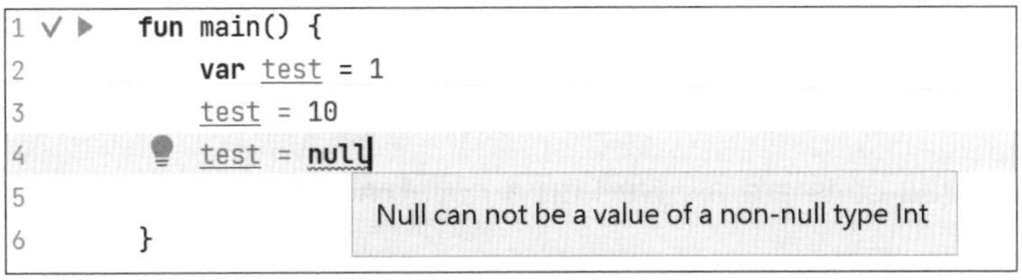

```
1 fun main() {
2     var test = 1
3     test = 10
4     test = null
5                   Null can not be a value of a non-null type Int
6 }
```

圖 1.3-5　變數 test 非空值狀態給空值的錯誤訊息

變數設為可接受空值（nullable）

在 Kotlin 想要把變數移除參考變成可以接受空值的變數，只要在變數的型態上加上一個「問號符號？」就可以了，這樣一來終於能寫上 test = null 不會發生錯誤了（如圖 1.3-6）。

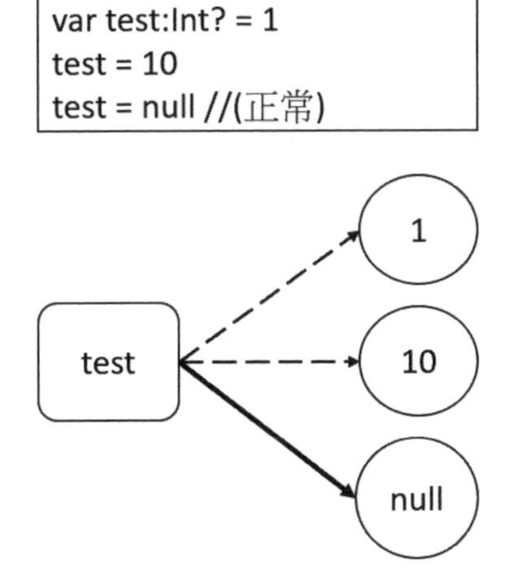

圖 1.3-6　變數 test 可移除參考

雖然我們能把變數移除參考了，但是還是很難保證程式在甚麼時候不小心存取到變成 null 空值的變數，所以 Kotlin 編譯器在你存取變數時會需要你再三檢查確認是不是真心要使用。如下圖範例程式，鴨鴨助教讓 Book 類別加上了可接受空值的問號 ? 符號變成 Book?，當我宣告 book 變數後，想要存取 book 的屬性 name 時，IDE 就會出現提醒訊息「Only safe(?.) or non-null asserted(!!.) calls are allowed on a nullable receiver of type Book?」(如圖 1.3-7)。

```
1
2      class Book(){
3          var name = "用Kotlin手作出第一個跨平台小遊戲"
4      }
5 ✓ ▶  fun main() {
6          var book:Book? = null
7          book.name
8      }
9
10
```

```
Only safe (?.) or non-null asserted (!!.) calls are allowed on a nullable receiver of type Book?
Surround with null check  Alt+Shift+Enter    More actions...  Alt+Enter
var book: Book?
```

圖 1.3-7　變數為 nullable 時無法直接存取 book 的屬性

安全呼叫（Safe Call）

針對上圖的 null 空值的變數存取遇到的問題，這時 Kotlin 提出了一個安全呼叫（Safe Call）的方法，只要在 book.name 的 book 後多加一個問號變成 book?.name 就能確保就算 book 變數參考到的是 null 空值，在程式執行過程也不會造成異常。

安全呼叫範例

```
class Book(){
    var name = "用 Kotlin 手作出第一個跨平台小遊戲"
}
fun main() {
    var book:Book? = null
    println("書名:${book?.name}")
}
```

因為一開始的 book 是參考到空值，而使用 book?.name 安全呼叫後，得到的還是會 null 空值。

程式執行結果

```
書名:null
```

非空值斷言（Non-null Asserted）

而另一個解決無法直接存取 book 的屬性方法就是使用非空值斷言(Non-null Asserted)，使用的方式就是在 book.name 的 book 後多加兩個驚嘆號變成 book!!.name，只是用非空值斷言的方法還是會有存取到 null 空值的風險，因為只是你主動告訴編譯器說，我非常確定 book 不會是 null 空值，但是實際程式執行時，如果不小心把 book 給予 null 空值，執行到 book!!.name 還是會造成程式崩潰，所以兩個驚嘆號地使用要特別地小心。

非空值斷言範例

```
class Book(){
    var name = "用Kotlin手作出第一個跨平台小遊戲"
}
fun main() {
    var book:Book? = null
    println("書名:${book!!.name}")
}
```

因為 book 是參考到空值，因為強制存取空值，造成程式發生 NullPointerException。

程式執行結果

```
Exception in thread "main" java.lang.NullPointerException
    at MainKt.main(main.kt:7)
    at MainKt.main(main.kt)
```

貓王運算子 ?:（Elvis Operator）

另一個跟空值安全很有關的一個名詞，就是「貓王運算子」了，而為什麼叫貓王運算子，其實只要看圖說故事就知道了（帥到連寫 Code 的人都要致敬，請各位去 google 搜尋 Elvis Operator 的圖片就知道囉）。這都不是重點啊，重點怎麼使用這個貓王運算子的符號「?:」。

貓王運算子 ?: 範例

當你的變數是空值時，就會要使用「?:」接續的數值，否則就照原來要給予的數值。

鴨鴨助教這裡舉了一個 test1 是有給字串的內容，另一個 test2 也是字串類型，但是是空值 null 的狀況。

```
var test1:String  = "我不是空值"
var test2:String? = null
var result1 = test1 ?: "我是空值"
var result2 = test2 ?: "我是空值"
println("result1 為 $result1")
println("result2 為 $result2")
```

程式執行結果

```
result1 為我不是空值
result2 為我是空值
```

一時看不太懂為什麼貓王運算子「?:」執行的結果可以這樣使用，覺得腦袋還轉換不過來沒關係，鴨鴨助教剛學的時候也是很苦手，但其實只要拆解開來就能了解，再外加時常使用就學得起來了。

拆解貓王運算子 ?: 範例

我們試著用 if 判斷式來解釋為什麼上個範例的結果可以使用貓王運算子「?:」。

```
var test1:String  = "我不是空值"
var test2:String? = null
var result1 = test1
if(result1 == null){
    result1 = "我是空值"
}
var result2 = test2
if(result2 == null){
    result2 = "我是空值"
}
println("result1 為 $result1")
println("result2 為 $result2")
```

程式執行結果

```
result1 為我不是空值
result2 為我是空值
```

用 if 的判斷是解釋後是不是稍微理解了貓王運算子「?:」的用法了。

鴨鴨助教的碎碎念

結論是：用了耍帥的 ?: 貓王符號可以寫比較少的 Code!!

1.4 總結

鴨鴨助教從一開始介紹 Kotlin、KorGE、Ktor 各是什麼來頭，以及用圖文並茂的方式告訴大家怎麼安裝 Kotlin 的開發環境跟使用 IntelliJ 工具，接著使用範例的方式來解說一些 Kotlin 的語法跟功能，裡頭有的練習大家都可以試著思考或直接寫程式練習來累積一些經驗。而鴨鴨助教也是正在走在學習 Kotlin 的路上，滿多東西介紹通常都是點到為止，若後面的章節程式的部分有提到新的東西，也會用補充的方式來解說。如果各位想要更深入 Kotlin 的東西，可以到附錄鴨鴨助教列的一些 Kotlin 相關資源挖寶喔。

CHAPTER

遊戲引擎介紹篇

前一章節鴨鴨助教已經介紹了一些關於 Kotlin 的知識跟基本語法，就像是遊戲開始前的新手教學，其中也稍微提到了本書的主角之一「KorGE」，而這正是我們要進入到開發遊戲前要先學會的技能，於是這個篇章就將帶領各位進入開發遊戲的世界了。

2.1 KorGE 安裝

鴨鴨助教說過，要學會一個新的程式新技術，就先要熟悉它的開發工具，好在我們在第一章的時後就已經安裝好了開發 Kotlin 的 IDE，也就是 IntelliJ。「IntelliJ Plugin（外掛）」也有支援安裝 KorGE 的套件，省去要自己設定專案的時間，所有開發程式 Debug（偵錯）的動作都能在 IntelliJ 完成，對於要第一次開發簡單輕量型的遊戲是很快速方便的選擇，所以事不宜遲，就來教大家行前安裝了！

2.1.1 安裝 Plugins

先打開 IntelliJ 後，看到歡迎畫面，但先別急著「New Project」，我們要先點選左手邊的「Plugins」進行 KorGE 的套件安裝（如圖 2.1-1）。

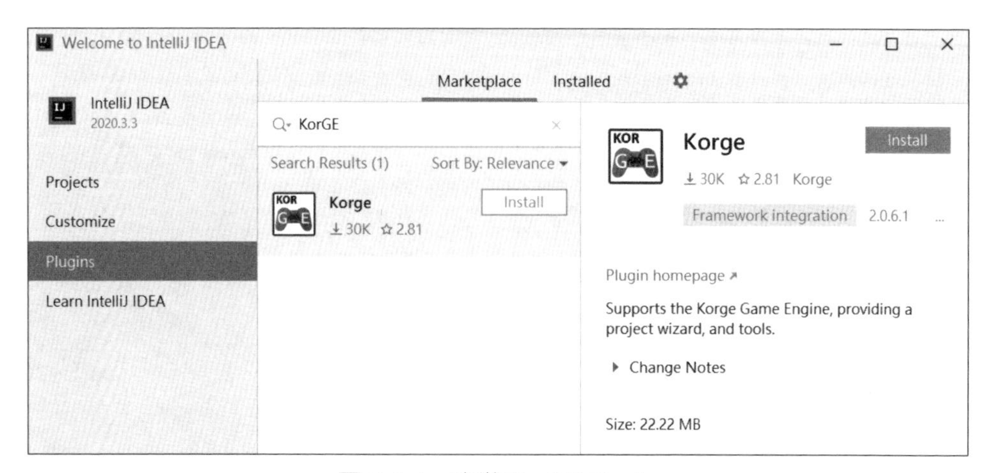

圖 2.1-1　安裝 KorGE Plugin

在 Marketplace 的搜尋列打上 KorGE 就可以看見 KorGE 的套件，按下 Install 等待安裝好後，再重新啟用 IntelliJ 就算完成安裝了，也能開始進行建立新的 KorGE 專案了。

2.1.2 開新的專案

在 IntelliJ 歡迎畫面按下「New Project」建立新專案的圖示（如圖 1.2-5）之後，點選視窗左邊的「KorGE」，會出現四種常見的遊戲引擎套件，不過這次的介紹會以 2D 的遊戲為主（其餘有機會使用會再介紹），所以我勾選了「Box-2D Support」，按下「Next」進到下一頁面（如圖 2.1-2）。

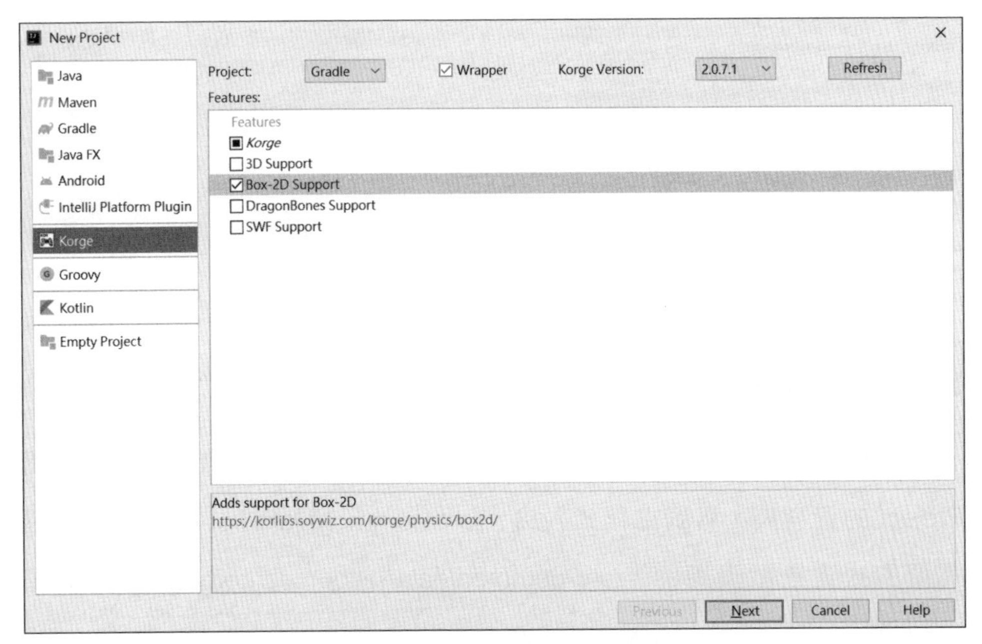

圖 2.1-2　建立 KorGE 新專案

接著專案名稱取自己想要的名稱，如「mygame」（如圖 2.1-3），然後按「Next」下一步選專案放的位置（如圖 2.1-4），就完成專案建立了！

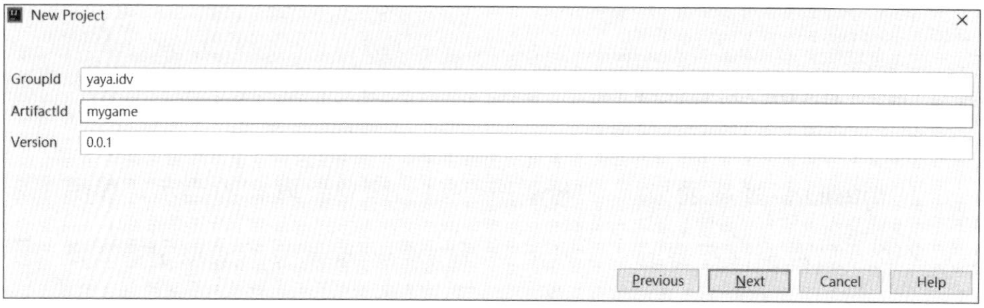

New Project
GroupId
yaya.idv
ArtifactId
mygame
Version
0.0.1
Previous
Next
Cancel
Help

圖 2.1-3　命名專案

New Project
Project name:
mygame
Project location:
C:\kotlin\mygame
More Settings
Previous
Finish
Cancel
Help

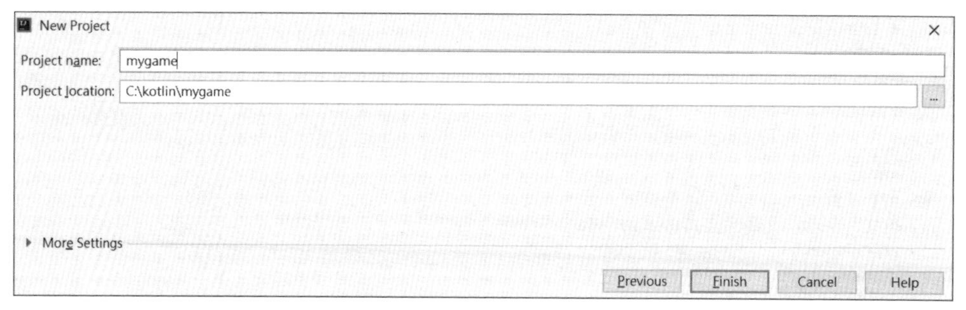

圖 2.1-4　選擇專案路徑

專案資料結構

專案建立後，在 IntelliJ IDE 畫面的左上邊找到「Project」區塊，展開 Project 的資料夾，可到主程式入口「/src/commonMain/kotlin/main.kt」跟需要的放置遊戲資源的「/src/commonMain/resources/korge.png」（如圖 2.1-5）。

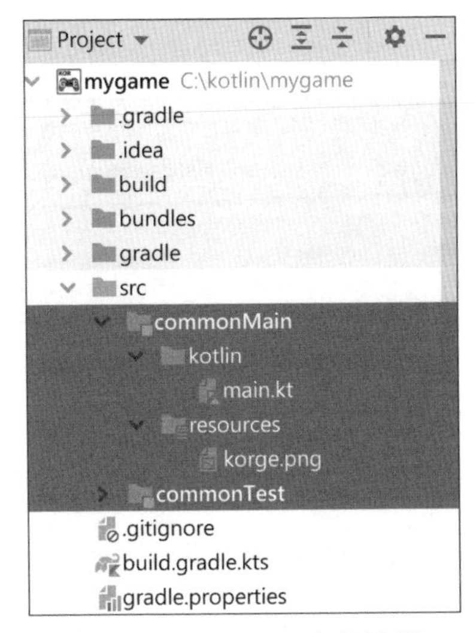

圖 2.1-5　KorGE 專案結構

程式碼解說

用 IntelliJ 產生的 KorGE 初始專案會給我們一個簡單的圖片顯示範例 main.kt。

main.kt

```
suspend fun main() = Korge(width = 512, height = 512, bgcolor =
Colors["#2b2b2b"]) {
    val minDegrees = (-16).degrees
    val maxDegrees = (+16).degrees

    val image = image(resourcesVfs["korge.png"].readBitmap()) {
        rotation = maxDegrees
        anchor(.5, .5)
        scale(.8)
        position(256, 256)
    }
```

```
    while (true) {
        image.tween(image::rotation[minDegrees], time = 1.seconds,
                                         easing = Easing.EASE_IN_OUT)
        image.tween(image::rotation[maxDegrees], time = 1.seconds,
                                         easing = Easing.EASE_IN_OUT)
    }
}
```

程式進入點

第一次看到比「Hello World!」還有更多行程式碼的朋友不用緊張，在 KorGE 專案新建的同時，也會很聰明地建立一個 KorGE 程式範例，而這個在 main.kt 產生的程式「suspend fun main()」正是 KorGE 的進入點（通常會稱之為 Entry Point），而 main 後面的寫法，寫成了「= Korge(…) {…}」，正是我們在（1.3.6 小節）學到的函式可以用省略成一行的方式呈現。

```
suspend fun main() = Korge(…){…}
```

KorGE 視窗

這段程式宣告了 KorGE 產生的視窗範圍，長乘以寬 512*512 的視窗大小，背景為黑色系的 bgcolor=Colors["#2b2b2b"]。

```
Korge(width = 512, height = 512, bgcolor = Colors["#2b2b2b"]){…}
```

放置圖片

讀取 resources 放的 korge.png 圖片並放置在中間。

```
image(resourcesVfs["korge.png"].readBitmap()){…}
```

放在 while 迴圈裡進行每秒正負 16 度旋轉。

```
image.tween(image::rotation[minDegrees], time = 1.seconds, easing =
                                              Easing.EASE_IN_OUT)
```

編譯執行

接著可以在「Gradle」大象圖案找到「mygame → Tasks → run → runJvm」（如圖 2.1-6），點選後專案會開始進行編譯並執行打開視窗畫面。執行跑起來後，可以看到圖片左右來回旋轉的動畫效果唷（如圖 2.1-7 跟 2.1-8）！

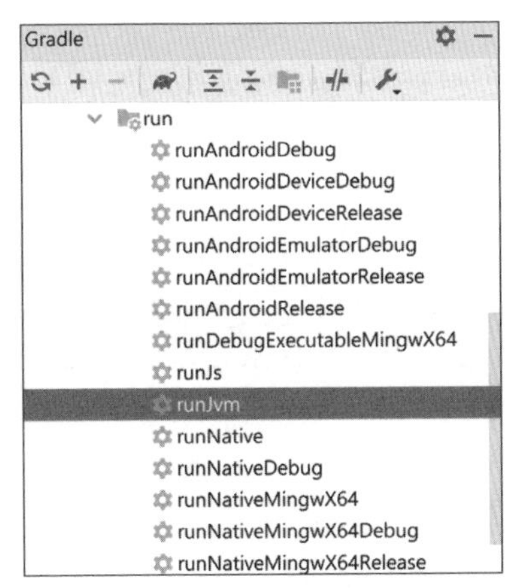

圖 2.1-6　執行 KorGE 專案

圖 2.1-7　KorGE Demo 動畫往左擺動

圖 2.1-8　KorGE Demo 動畫往右擺動

跟著鴨鴨助教一起練習

自己動手換圖

鴨鴨助教提出個建議，看官網的 KorGE 範例圖當然是不夠過癮，要換成自己設計的遊戲 Logo 才有感覺啊！

在這裡提示各位換圖的步驟：

(1) 把在專案資料夾的「/src/commonMain/resources/」裡頭新增自己喜歡或自己設計的圖案，命名為 mylogo.png

(2) 在 main.kt 將 "korge.png" 取代換成 "mylogo.png"

(3) 執行「runJvm」

參考連結

- https://korlibs.soywiz.com/korge/gettingstarted/setup/

2.2 遊戲設計與架構介紹

前一個小節已經學會用 IntelliJ 建立一個新的 KorGE 專案了，相信各位已經迫不及待要再學更多的程式來讓自己的遊戲動起來吧！有這樣的衝勁跟想法很棒，但是在真正製作遊戲前，還是要釐清想要做什麼樣的遊戲類型，以及準備需要的材料跟資源，幫助我們在建構遊戲的路程上更加順利地進行。就如同在玩一些比較有難度的遊戲前，有人會先做好情蒐動作或是上網找相關的攻略，越是能將資源掌握地齊全，越能在遊戲中更得心應手，而進行遊戲的設計也是同樣的道理，聽鴨鴨助教繼續娓娓道來吧（鴨之聲：我知道還是有領悟力跟反應很厲害的玩家跟讀者，那就忽略這些碎碎念直接看下去囉）。

遊戲設計

一個小遊戲設計對我來說有三部分：

遊戲內容

遊戲裡的元素包含了角色，場景，物件，音效跟互動 UI 的設計等等。遊戲設定上通常都至少有一個主要角色，可能是真的一個人或是其它的擬人的動物（像是動物之森的動物們）或是無生命的物體（像是機器人）。然後就由我們來想像這些角色會在某個環境裡執行任務，而這個環境裡就包含了場景，可能是片空曠的草原，或是在幽靜的海底世界；有了場景就會伴隨著場景的物件，草原上可能會有藍天白雲搭配淺色的雜草以及生長較矮的灌木叢；在海底就會有許多的魚類跟海草以及礁岩。而搭配不同的遊戲場景也會有對應的背景音樂，若想要遊戲更加生動，當然角色跟環境及物件的互動產生的音效也是不可少。最後遊戲中的互動，需要有一個中介角色來當作橋梁，也就是 UI 使用者介面。讓使用者能清楚知道目前遊戲的狀態，像是角色的體力值或是擁有的資產（錢財或是道具）；還有怎麼引導使用者來操作角色，像是角色的移動或是角色動作的按鈕配置的設計，都是需要考慮進來的元素。

核心玩法

說到遊戲的核心玩法，先舉個最簡單大家都會的剪刀石頭布講起，其核心的玩法就是剪刀勝過布、石頭勝過剪刀、布勝過石頭、出現一樣的就是平手。然後在遊戲進行後，會依這樣的規則決定最後遊戲的結果（可能有兩三個人一起比勝負，運氣好一回合就會決定勝利者或是因為平手猜了好幾次拳，才能決定誰是猜拳王）。再舉一個年輕人都知道的推塔遊戲，其遊戲的核心玩法就是雙方陣營選好五位英雄，在地圖裡爭奪資源並互相廝殺，直到某一方先投降或是將敵方陣營的兵營摧毀就算勝利。所以在設計一款遊戲之前，就需要先思考遊戲的核心玩法，要制定哪些規則，跟遊戲勝利或是結束的條件。

遊戲系統

前兩點是一個遊戲的基礎，而遊戲系統是能將整個遊戲性提升（更好玩）的設計，例如為了讓遊戲的角色能力可依不同道具跟裝備而有所提升而增設的道具商店系統（而遊戲商可能為了想增添營利又可滿足某些玩家想當課金戰士的優越感，就會把商店系統包裝成抽卡系統），或是想讓遊戲更具有競爭的元素，遊戲上會試著加入一個排行榜系統；為了讓遊戲有社群的元素，會加入好友系統，等等。

遊戲類型的選擇

相信各位早就知道遊戲這些部分組成了，也玩過很多類型的遊戲，畢竟現在大部分的人幾乎都碰過電腦以及手機或是遊樂器，因此每個人心目中一定都有喜愛的遊戲類型。像鴨鴨助教就比較喜歡闖關冒險類型的遊戲，而且是比較偏向操作角色的反應的遊戲，雖比不上遊戲高手，但在親朋好友面前，大部分都能輕易取勝。回想好幾年前的一段時間迷上了跑酷遊戲，再加上過去開發製作遊戲的經驗中，多數專案都是以 2D 遊戲為主。所以這次的遊戲設計範例很快就決定用 2D 跑酷遊戲來呈現，除了自己私心的喜好外，其實主要的目的是想要展現 KorGE 遊戲引擎的功能，像是實作出跑酷角色跑步的動作，跟不同的場景變化，還有角色跟物件碰撞的效果，加上一些簡單的音效跟背景音樂就能呈現出一款非常生動的小遊戲了。最後再加個子系統輔助遊戲可玩度，還要利用 Ktor 寫一些伺服器程式實作出一個線上排行榜來比分數。

遊戲架構圖

綜合以上的想法，就能簡單畫出我的遊戲流程架構圖。

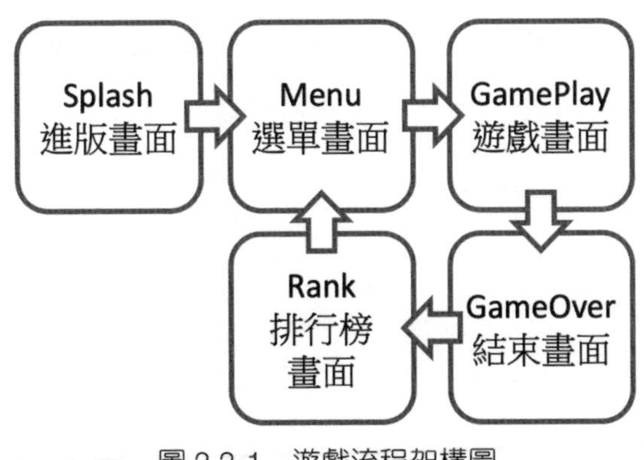

圖 2.2-1　遊戲流程架構圖

Splash 進版畫面

不知各位有沒有注意到，其實在（2.1.2 小節）的部分，大家幾乎就像是把 SPLASH 畫面這個功能做出來了，當然希望有更吸引人的進版畫面，就要有厲害的美術設計。

Menu 選單畫面

通常就是遊戲內的遊戲大廳，有開始遊戲的進入點，也有各處的子系統的入口，例如像是角色設定，道具設定，或是商店等等，但是我們要示範做小遊戲，所以就簡單先只有遊戲開始的入口了。

GamePlay 遊戲畫面

這個就是遊戲最核心的部分了，以這次我們要設計的跑酷遊戲，會是在關卡內進行跑步動作，閃躲從前方而來的障礙物並在途中獲得金幣分數，能獲取越高分數越好的玩法。

GameOver 結算畫面

遊戲結束的條件通常一個是角色死掉了沒有達成過關條件，或是角色達成過關條件，這裡都統稱遊戲回合結束，這時就會開始進行一些結算，所以我都會叫做結算畫面，例如有的角色會有等級經驗值，有的遊戲可能還會有過關獎勵，都可在這裡設計。

Rank 排行榜畫面

排行榜畫面不一定要接在遊戲結束的畫面後面，你也可以設計在 Menu 畫面的入口，只是為了方便玩家在遊戲結束後能快速查看自己的成績，才放在這裡，就看各位製作遊戲時想怎麼安排玩家的遊戲歷程囉。

這一小節沒有像前一小節開頭直接介紹 KorGE 開發工具跟程式碼，主要是想要透過簡單的遊戲架構解說，對遊戲開發整個過程有一些認識，在實作裡能互相呼應，會覺得遊戲設計是件很好玩的事。

跟著鴨鴨助教一起練習

你想設計什麼類型的遊戲？

如果是第一次設計遊戲的朋友們，我會建議選擇一些經典的小遊戲來上手，從靜態的遊戲像是猜數字、踩地雷，再來試著去寫寫看動態的貪食蛇跟小蜜蜂射擊遊戲，這些經典遊戲很容易找到資源參考，隨手網路查找都有人寫過，而且先從這些經典遊戲的規則玩法著手開發，讓你的經驗跟信心度都增加後，再來挑戰內容設計更複雜的遊戲也絕非難事。

參考連結

- https://link.medium.com/3avYh1CsJ9

2.3 使用 Scene 切換場景

在前一小節我們介紹了遊戲架構，分別有「Splash、Menu、GamePlay、GameOver、Rank」五個遊戲畫面，所以我們這一小節要學習的部分就是先把遊戲的大方向給建構出來，有點類似先將蓋房子前要把地基打好，剩下的細節再按部就班地搭建上去，因此鴨鴨助教通常的做法都是會先把全部畫面的空殼建立起來，讓畫面能按照我們期望的遊戲順序顯示出來，再來把每個畫面的細節填補上去來完成全部的遊戲內容。

這些畫面在遊戲中通常有個專有名詞，會稱作「Scene」，也就是「場景」。有時候遊戲也會製作很多關卡，就需要製作不同的 Scene 場景來載入，因為遊戲裡通常不會讓玩家感受只有單調的一個場景一鏡到底，都會依需求去切換到想要呈現的畫面。而切入我們的正題，在 KorGE 裡也有提供這樣的類別 Scene，讓你能遊戲中使用不同的場景進行切換，就讓鴨鴨助教開始來教大家如何實作運用吧！

建立場景

這時候我們就可以開始動手開工了，你可以在 IntelliJ 的專案資料夾「/src/commonMain/kotlin/」再新建一個資料夾命名為「scene」，把畫面相關的檔案都放在「/src/commonMain/kotlin/scene」，然後按下滑鼠右鍵「New → Korge Scene → New Korge Scene」(如圖 2.3-1)，緊接著再「輸入場景名稱」(如圖 2.3-2)。

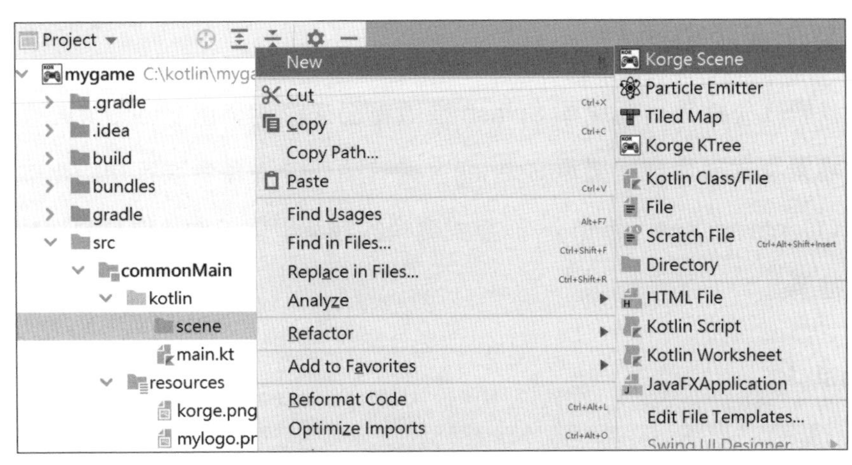

圖 2.3-1　新增 KorGE 場景

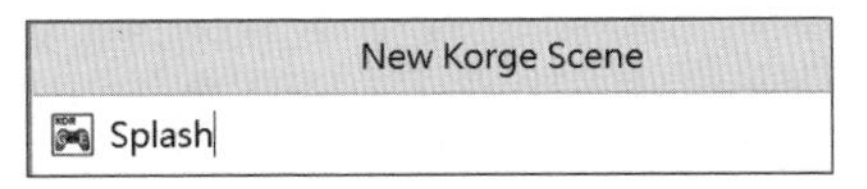

圖 2.3-2 命名場景名稱

依序建立在前一節提到的遊戲架構，總共會有五個場景畫面：Splash、Menu、GamePlay、GameOver、Rank（如圖 2.3-3）。

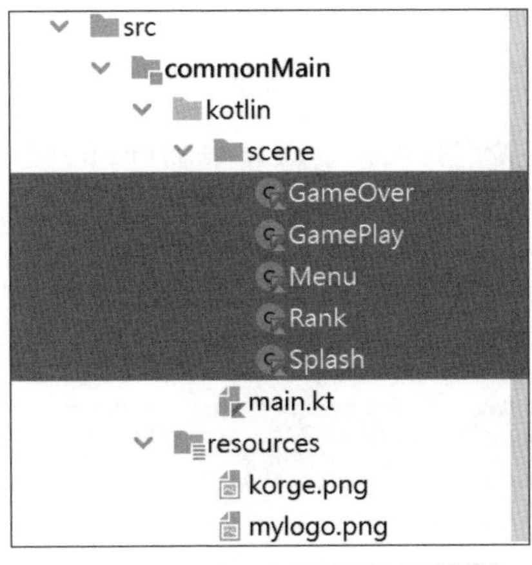

圖 2.3-3　遊戲設計的五個場景

製作進版畫面

我們就先挑第一個開頭 Splash 進版畫面來説明，由 IntelliJ IDE 產生出來的場景程式碼會自動繼承 Scene()，還有順便帶入負責進行初始化的函式「fun Container.sceneInit()」，而程式碼裡的註解也告訴你，場景的初始就寫在這裡了。

Splash.kt

```
package scene

import com.soywiz.korge.scene.Scene
import com.soywiz.korge.view.Container

class Splash() : Scene() {
    override suspend fun Container.sceneInit() {
        // @TODO: Scene initialization here
    }
}
```

改寫入口程式

光產生進版畫面的場景還是不夠的，各位還記得我們的程式入口是從 main.kt 開始的，所以我們要來開始改寫 main.kt 的程式，讓程式的進入點改為 Splash 進版畫面。

main.kt

```
import com.soywiz.korge.Korge
import com.soywiz.korge.scene.Module
import com.soywiz.korim.color.Colors
import com.soywiz.korim.color.RGBA
```

```
import com.soywiz.korinject.AsyncInjector
import com.soywiz.korma.geom.SizeInt
import scene.*

suspend fun main() = Korge(Korge.Config(module = ConfigModule))
object ConfigModule : Module() {
    override val bgcolor: RGBA = Colors["#2b2b2b"]
    override val size = SizeInt(512, 512)
    override val mainScene = Splash::class
    override suspend fun AsyncInjector.configure() {
        mapPrototype { Splash() }
        mapPrototype { Menu() }
        mapPrototype { GamePlay() }
        mapPrototype { GameOver() }
        mapPrototype { Rank() }
    }
}
```

改寫第一步

將 KorGE 的傳入值進行改寫，原來的範例程式如下：

```
Korge(width = 512, height = 512, bgcolor = Colors["#2b2b2b"])// 改寫前
```

因為 KorGE 可以藉由 Korge.Config 傳入一個 Module 來設定這些視窗的屬性。因此改寫成以下：

```
Korge(Korge.Config(module = ConfigModule))// 改寫後
```

改寫第二步

把視窗的屬性，全部放在 ConfigModule 去設定，會跟（2.1 小節）寫的範例達成一樣的效果。

```
object ConfigModule : Module() {
    override val bgcolor: RGBA = Colors["#2b2b2b"]
    override val size = SizeInt(512, 512)
}
```

改寫第三步

把 mainScene 這個入口 Scene 設定給 Splash::class，這樣開始執行後才會幫我們導向 Splash 進版畫面。

```
override val mainScene = Splash::class
```

改寫第四步

使用 AsyncInjector.configure()，這算是 KorGE 幫忙寫好的一個依賴注入的方法，讓你不用特別每個場景都要額外去再進行建立新的 object 的動作，所以照著官方的樣板做法，將每個場景都用 mapPrototype 加進去，讓這些場景被呼叫時，就會自動幫你生成需要的物件了。

```
override suspend fun AsyncInjector.configure() {
    mapPrototype { Splash() }
    mapPrototype { Menu() }
    mapPrototype { GamePlay() }
    mapPrototype { GameOver() }
    mapPrototype { Rank() }
}
```

什麼是依賴注入？

依賴注入原文是 dependency injection（DI），是一種軟體設計模式，目的是降低程式之間的相依性，進而讓軟體能更加的彈性以及好測試跟維護，關於依賴注入鴨鴨助教也僅僅是懂皮毛，在本書的運用只需知道場景的使用要加入至 AsyncInjector.configure() 即可。推薦各位想深入瞭解可以去看博碩出版的另一本好書：依賴注入：原理、實作與設計模式 (Dependency Injection: Principles, Practices, Patterns, 2/e)。

鴨鴨助教的補充

練習切換場景

前面一個步驟已經將 main.kt 重寫讓程式入口導入到 Splash 進版畫面了，這時候我們來試著在每個場景都加一個按鈕來進行場景的切換，就能先假裝我們好像真的已經打開遊戲，從頭玩到尾的感覺（只是裡頭完全還沒內容就是了⋯）。

完成的 Splash 進版畫面的空殼畫面會是如下：

```
class Splash : Scene() {
    val textPos = Point(128, 128)
    val buttonWidth = 256.0
    val buttonHeight = 32.0
    val buttonPos = Point(128, 128 + 32)

    override suspend fun Container.sceneInit() {
        // 顯示目前我是在進版畫面
        text("I'm in ${Splash::class.simpleName}") {
```

```
            position(textPos)
        }
        // 進到 Menu 畫面的觸發按鈕
        uiTextButton (buttonWidth, buttonHeight) {
            text = "Go to Menu"
            position(buttonPos)
            onClick {
                launchImmediately { sceneContainer.changeTo<Menu>() }
            }
        }
    }
}
```

顯示文字

透過文字來顯示目前是在哪一個場景，我們使用 KorGE 內建的「text 類別」，也要告訴 KorGE 座標位置「position(textPos)」。

```
// 顯示目前我是在進版畫面
text("I'm in ${Splash::class.simpleName}") {
    position(textPos)
}
```

觸發按鈕

透過按鈕的觸發，去切換到下一個要去的場景，這裡使用 KorGE 的按鈕元件 uiTextButton，同樣也要幫按鈕命名，「titile="Go to Menu"」，一樣要給座標位置「position(buttonPos)」，最後按鈕 onClick 的觸發動作將場景切換給 Menu 選單畫面。

```
// 進到 Menu 畫面的觸發按鈕
uiTextButton (buttonWidth, buttonHeight) {
```

```
    text = "Go to Menu"
    position(buttonPos)
    onClick {
        launchImmediately { sceneContainer.changeTo<Menu>() }
    }
}
```

textButton vs uiTextButton

鴨鴨助教在參加鐵人賽時，使用的 KorGE 版本是 1.0，寫這本書時已經變成 2.0，所以本來的文字按鈕物件是 textButton 被開發團隊改成 uiTextButton 囉。

鴨鴨助教的補充

編譯執行

在（2.1.2 小節）也教過大家使用 Gradle 大象圖案去依序執行：「mygame → Tasks → run → runJvm」。執行後就會看到剛剛在程式寫的 text 跟 button 都顯示在畫面上了（如圖 2.3-4）。

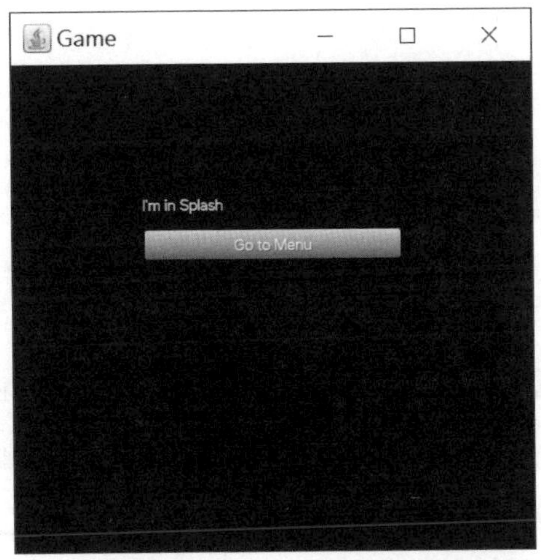

圖 2.3-4　Splash 進版畫面場景

會建立第一個場景後，第二個場景 Menu 選單畫面就能依樣畫葫蘆。

```
package scene

import com.soywiz.korge.input.onClick
import com.soywiz.korge.scene.Scene
import com.soywiz.korge.ui.uiTextButton
import com.soywiz.korge.view.Container
import com.soywiz.korge.view.position
import com.soywiz.korge.view.text
import com.soywiz.korio.async.launchImmediately
import com.soywiz.korma.geom.Point

class Menu : Scene() {
    val textPos = Point(128, 128)
    val buttonWidth = 256.0
    val buttonHeight = 32.0
    val buttonPos = Point(128, 128 + 32)

    override suspend fun Container.sceneInit() {
        // 顯示目前我是在選單畫面
        text("I'm in ${Splash::class.simpleName}") {
            position(textPos)
        }
        // 進到 GamePlay 畫面的觸發按鈕
        uiTextButton(buttonWidth, buttonHeight) {
            text = "Go to GamePlay"
            position(buttonPos)
            onClick {
                launchImmediately { sceneContainer.changeTo<GamePlay>() }
            }
        }
    }
}
```

寫好 Menu 選單畫面程式再次進行編譯執行，就能從進版畫面切換到選單畫面了（如圖 2.3-5）。場景的建立是不是一點也不困難，你也可以開始跟著鴨鴨助教一起練習動手將剩下的場景完成。

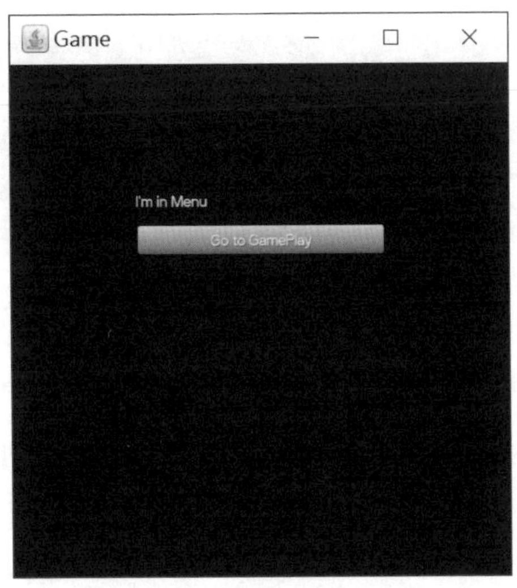

圖 2.3-5　Menu 畫面場景

跟著鴨鴨助教一起練習

完成整個遊戲的場景切換

鴨鴨助教已經示範 Splash 進版畫面跟 Menu 選單畫面的程式碼了，還有 GamePlay、GameOver、Rank 的畫面需要你們來幫忙完成。

鴨鴨助教的提示就是請各位使用複製貼上大法，將 Splash.kt 或是 Menu.kt 的程式碼內容，貼到其餘三個檔案內，將類別的名稱、顯示文字跟觸發按鈕文字以及觸發到下個場景的名稱更換，就可以順利完成了。

看著鴨鴨助教搶先完成的切換場景範例截圖，從 Splash 開始，「Menu → GamePlay → GameOver → Rank 再回到 Menu」這樣的場景切換循環方式（如圖 2.3-6），就會呼應我們在（2.2 小節）提到的遊戲架構的流程（如圖 2.3-7）。

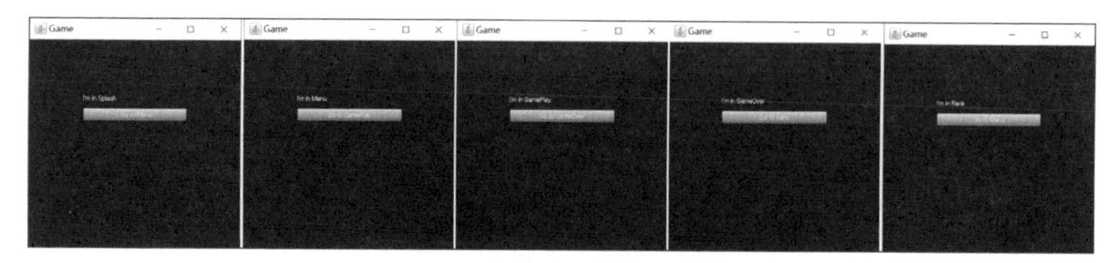

圖 2.3-6　場景切換流程

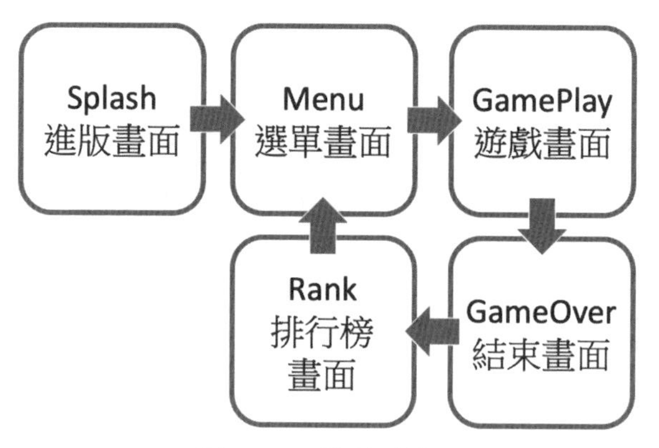

圖 2.3-7　遊戲計構圖

相信大家都能學會這個最簡單的遊戲場景建立，若還沒辦法順利完成實作這個流程也別緊張，鴨鴨助教把可執行的程式碼連結放在附錄的資料裡頭，而接下來的教學將會慢慢在各個場景上加上遊戲需要的東西囉。

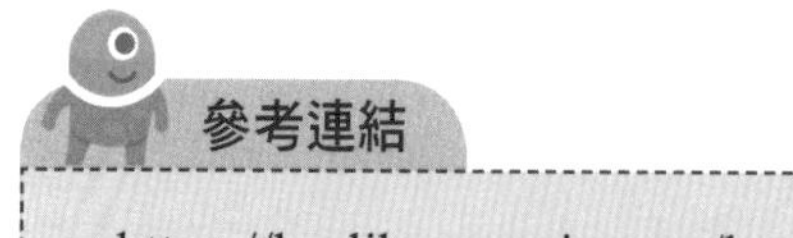

- https://korlibs.soywiz.com/korge/reference/scene/

2.4 使用 Image 處理圖片

這一小節將要教大家怎麼在這些場景上放置一些 Image（圖片）跟對圖片做一些變化，所以會介紹到 KorGE 提供在（2.1.2 小節）一開始就使用過的 Image 類別。

讀取 Image 圖片

其實在程式讀取一張圖片非常簡單，只要寫下底下一行程式碼，KorGE 就會到專案資料夾的「/resouces/mylogo.png」讀取檔案圖片，然後幫你把它加入到場景上（如圖 2.4-1）。

```
image(resourcesVfs["mylogo.png"].readBitmap())
```

圖 2.4-1　讀取 Image 圖片

為什麼只要宣告好 image 圖片就會顯示在場景上？

你可以試試看去 trace Image.kt 的程式，在 inline fun Container.image 就能看見最後其實他已經幫你在建立 image 物件時，Image(texture, anchorX, anchorY).addTo(this, callback) 已經預設幫你加到他的 Parent 了，所以我們不用特別再做 addChild() 來添加 View 到場景這個動作。

鴨鴨助教的補充

調整 Image 圖片大小

因為我放的 mylogo.png 的實際大小是 400x400，在沒有進行縮放前，放在 500x500 的視窗上，當然就是右下邊都是黑色的背景，如果是像是 SPLASH 進版畫面，希望都是能全螢幕顯示，所以就來進行 image 的大小調整。

```
image(resourcesVfs["mylogo.png"].readBitmap()) {
    scaledWidth = ConfigModule.size.width.toDouble()
    scaledHeight = ConfigModule.size.height.toDouble()
}
```

執行結果看到圖片把黑色部份都填滿囉（如圖 2.4-2）。

圖 2.4-2　調整 Image 圖片大小

移動 Image 圖片位置

在遊戲中的背景或是物品都有機會進行移動，而且每張圖片的起始座標不會一直都從原點 (x,y) = (0,0)，所以我們來練習讓圖片的座標放在不同的位置上。

```
val image = image(resourcesVfs["mylogo.png"].readBitmap()) {
    scaledWidth = ConfigModule.size.width.toDouble()
    scaledHeight = ConfigModule.size.height.toDouble()
    position(100,100)
}
```

執行結果可以看到 mylogo.png 確實往右下移了 (100,100)，當然圖片就會超出畫面外了（如圖 2.4-3）。

圖 2.4-3　移動 Image 圖片位置

調整 Image 圖片透明度

調整圖片的透明度也是非常的容易，只要設定 alpha 的數值即可。

```
image(resourcesVfs["mylogo.png"].readBitmap()) {
    scaledWidth = ConfigModule.size.width.toDouble()
    scaledHeight = ConfigModule.size.height.toDouble()
    alpha = 0.5
}
```

執行後，可以比對預設是 alpha = 1.0 跟 alpha = 0.5 的差異，這就是調整 alpha 的效果（如圖 2.4-4）。

圖 2.4-4　調整 Image 圖片透明度

鴨鴨助教的碎碎念

回想玩遊戲的過程中，是不是都有一種經驗，就是當角色受到傷害時，角色本體都會有一閃一閃的感覺，而且通常在這段時間還會是無敵狀態不會再次受傷失血。就在我初次真的要開始設計角色受傷的特效時，發現原來是用調整圖片透明度這種簡單的方式來達成，腦袋突然有種茅塞頓開、豁然開朗的成就感（解鎖了自認是隱藏秘密的任務），這也算是寫程式或是寫遊戲的樂趣之一吧！

旋轉 Image 圖片

將圖片旋轉的動作也是遊戲中常用的行為，像是可能想要表現一顆球的滾動，除了位置的移動，物體本身做旋轉也是必須的，所以我們就來練習將圖片進行旋轉。

```
image(resourcesVfs["mylogo.png"].readBitmap()) {
    scaledWidth = ConfigModule.size.width.toDouble()
    scaledHeight = ConfigModule.size.height.toDouble()
    rotation = Angle(45.0)
}
```

執行後，有發現好像圖片真的有向右旋轉了 45 度（如圖 2.4-5），但是鴨鴨助教阿！怎麼看起覺得有點怪怪的！！！

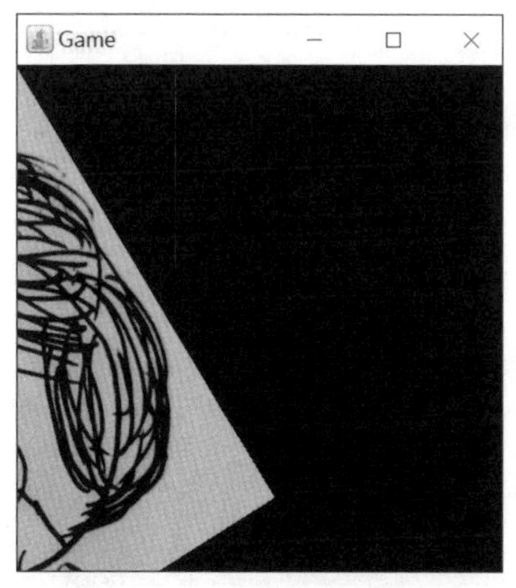

圖 2.4-5　怪怪的旋轉圖片

沒錯！就是有點怪怪的，因為我們預期心裡應該是照著圖片的中心點來進行向右的 45 度旋轉啊，為什麼會這樣呢？

原因是 image 物件預設的「anchor point(定錨點)」的座標是 (0,0)，圖片就會以 (0,0) 為旋轉中心點去向右轉 45 度。所以我們只要將「anchor point」重新設定，在程式以加上 anchor(0.5, 0.5)，表示圖片的定錨點在圖片中心了。

```
image(resourcesVfs["mylogo.png"].readBitmap()) {
    anchor(0.5, 0.5)
    scaledWidth = ConfigModule.size.width.toDouble()
    scaledHeight = ConfigModule.size.height.toDouble()
    rotation = Angle(45.0)
}
```

執行後（如圖 2.4-6），鴨鴨助教！痾痾痾…怎麼還是怪怪的啊！沒有在中心點旋轉啊！

圖 2.4-6　越轉越怪的旋轉圖片

這裡就要解釋一下，因為你的「anchor point(定錨點) 」跑到圖片的中心，在設定 image 座標時，就會以定錨點的位置去移動，也就是你現在看到的結果，就是圖片中心放在場景座標 (0.0) 的位置，然後旋轉了 45 度。而一開始沒感覺定錨點的存在，是剛好定錨點預設是 (0,0)，圖片預設的座標也是 (0,0)，因此圖片看起來就是正常的呈現，但一旋轉就變這樣了。

那鴨鴨助教我們到底該怎麼辦？！要怎麼調整才能讓圖片看起來是正常的啦！這時我們就別急著要把圖片旋轉，而是先觀察圖片定錨點設在圖片中心 anchor(0.5, 0.5) 的模樣，你會發現圖片的中心點跑去場景的原點座標 (0,0) 了（如圖 2.4-7）。

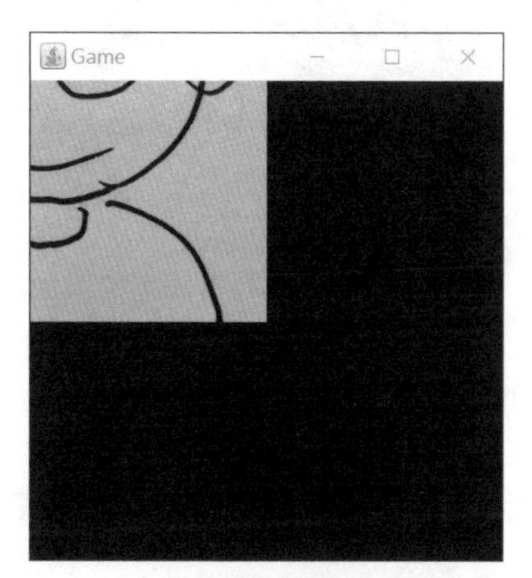

圖 2.4-7　先不旋轉讓定錨點在圖片中心

只要把圖片的座標移到場景的中心點，也就是算出長寬一半 width/2 跟 height/2 的位置，圖片就會又會正常地呈現了（如圖 2.4-8）。

```
image(resourcesVfs["mylogo.png"].readBitmap()) {
    anchor(0.5, 0.5)
    scaledWidth = ConfigModule.size.width.toDouble()
    scaledHeight = ConfigModule.size.height.toDouble()
    position(scaledWidth/2, scaledHeight/2)
}
```

圖 2.4-8　調整圖片位置到畫面中心

最後，在進行向右 45 度旋轉，就能達到我們想要的旋轉效果了（如圖 2.4-9）。

```
image(resourcesVfs["mylogo.png"].readBitmap()) {
    anchor(0.5, 0.5)
    scaledWidth = ConfigModule.size.width.toDouble()
    scaledHeight = ConfigModule.size.height.toDouble()
    position(scaledWidth/2, scaledHeight/2)
    rotation = Angle(45.0)
}
```

圖 2.4-9　正常地旋轉 Image 圖片

這一小節主要講解一些圖片的基本應用，幾乎都會在遊戲上派上用場，透過這些簡單的練習，在後面的部分就能舉一反三來的拿來利用了！

跟著鴨鴨助教一起練習

試試看讀取你的社群頭像

鴨鴨助教已經把自己的頭像的功能玩轉了一遍，輪到你試試看，看能不能把頭像變成顛倒看世界。

參考連結

- https://korlibs.soywiz.com/korge/reference/views_standard/#image
- https://www.youtube.com/watch?v=nR_cCs_8wF8

2.5 使用 Text 處理文字

遊戲中除了會有圖片呈現，有一些文字在上面也是不可或缺的，雖然好的設計是不用文字言語就能讓玩家理解，但是有時一些簡單的文字輔助，還是讓玩家比較快能進入狀況。而且遊戲裡一些像是玩家名稱，或是一些程式版本號碼，也是由文字組成，因此文字的呈現還是必要的存在（雖然知道有的設計會連文字都直接用圖片替代），這一回就來介紹 KorGE 裡的 Text 元件給大家了。

加入 Text 文字

不知道大家有沒有印象，很多遊戲出現進版畫面後，其實會等玩家主動點及螢幕才真正進入遊戲？所以這次我們也要來練習這樣的做法，當進入到 Splash 時，我們也加一個字串來提示玩家要點擊畫面，才能繼續進到下一頁。試著在程式裡頭加上下列的文字！

```
text("Tap to Start")
```

執行結果「Tap to Start」的文字出現在左上角了（如圖 2.5-1）。

圖 2.5-1　文字在左上角

移動 Text 文字位置

不過位置放在左上角實在是無法引人注意，還可能會被忽略掉，我們試著放在正中間，然後離下面高度 1/4 的位置，視覺上會比較好看到（如圖 2.5-2）。

```
text("Tap to Start"){
    val screenWidth = ConfigModule.size.width.toDouble()
    val screenHeight = ConfigModule.size.height.toDouble()
    position((screenWidth - scaledWidth)/2, (screenHeight - screenHeight/4))
}
```

圖 2.5-2　移動文字位置

調整 Text 文字大小

嗯嗯，位置放對了，不過 KorGE 預設的字體有點小，來試著將字體改大小。

```
text("Tap to Start"){
    val screenWidth = ConfigModule.size.width.toDouble()
    val screenHeight = ConfigModule.size.height.toDouble()
    position((screenWidth - scaledWidth)/2, (screenHeight - screenHeight/4))
    textSize = 30.0
}
```

執行後，字體更大又更明顯了（如圖 2.5-3）。

圖 2.5-3　調整文字變更大

調整 Text 文字顏色

KorGE 預設字體是白色，可以試著再換個藍色的字。

```
text("Tap to Start"){
    val screenWidth = ConfigModule.size.width.toDouble()
    val screenHeight = ConfigModule.size.height.toDouble()
    position((screenWidth - scaledWidth)/2, (screenHeight - screenHeight/4))
    textSize = 30.0
    color = Colors.BLUE
}
```

執行後，文字將會以藍色呈現（如圖 2.5-4）（本書是黑白印刷，所以各位自己要實際試試看囉）。

圖 2.5-4　文字更換顏色

點擊 Text 文字事件

既然我們都寫了「Tap to Start」，那就要真的來實作按下去就會跳進下一個 Menu 畫面了，我們在（2.3 小節）切換場景的範例就有用按鈕去操作切換場景囉！

不過 KorGE 所有的 view 物件都有 onClick 的功能，就是觸發點擊事件，所以這裡是拿 Text 文字再來做一次練習。

```
text("Tap to Start"){
    val screenWidth = ConfigModule.size.width.toDouble()
    val screenHeight = ConfigModule.size.height.toDouble()
    position((screenWidth - scaledWidth)/2, (screenHeight - screenHeight/4))
    textSize = 30.0
    color = Colors.BLUE
```

```
    onClick {
        launchImmediately { sceneContainer.changeTo<Menu>() }
    }
}
```

跟著鴨鴨助教一起練習

試試看在進版畫面加入更多文字

大家也可以試著把 ©copyright 或是版本號放在進版畫面，讓自己的進版畫面真的有遊戲上線的感覺唷！

2.6 使用 Font 改變文字風格

KorGE 裡頭也提供了使用自訂字型的功能，共有三種類型：「BitmpFont、Device fonts、跟 TTF fonts」。鴨鴨助教目前也只試出了 TTF fonts，所以我們就先試著使用 TTF fonts 來替換目前的 KorGE 預設的字型。

開源字型

Google 有提供 Noto 的免費開源字型「https://www.google.com/get/noto/」，所以去找一個你想要的字型，然後解壓縮後，可以看到很多的 ttf 檔案，我挑了其中一種「NotoSans-Black.ttf」的字型來測試使用（如圖 2.6-1）。

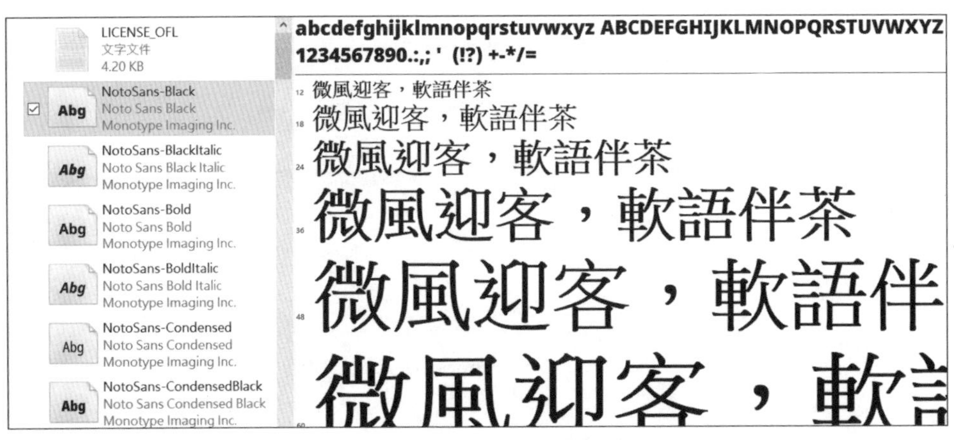

圖 2.6-1　Google 免費開源字型

讀取字型檔

把「NotoSans-Black.ttf」檔案放到專案資料夾的「/src/commonMain/kotlin/resources/」裡頭（如圖 2.6-2）。

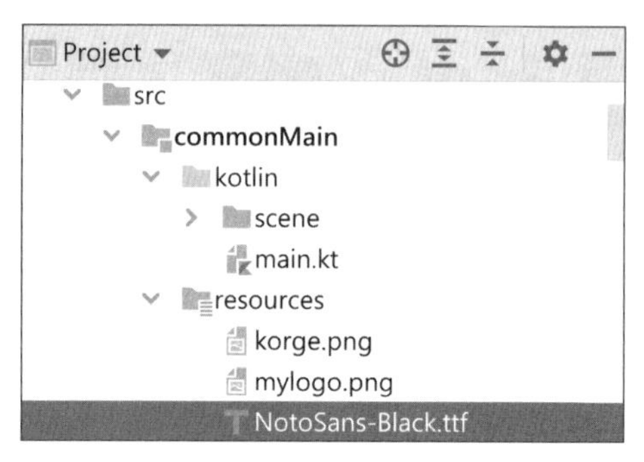

圖 2.6-2　將字型檔案放入專案資料夾

放好後就可以開始動手寫 Code 了，想要在程式碼替換字型就需要讀取字型檔案。

```
resourcesVfs["NotoSans-Black.ttf"].readTtfFont()
```

讀取後，因為字型檔在 KorGE 裡會變成要畫在一張 bitmap 上才能呈現在畫面上，所以接下來的程式會要額外加一些處理。

```
val bitmap = NativeImage(width = 200, height = 100).apply {
    getContext2d().fillText(
        text = "Tap to Start",
        x = 0,
        y = 30,
        font = resourcesVfs["NotoSans-Black.ttf"].readTtfFont(),
        fontSize = 30.0,
        color = Colors.BLUE
    )
}
```

需要先寫一個 NativeImage 的物件，寬等於 200，高等於 100，接下來呼叫 getContext2d().fillText 這個方法把字串畫上，給 Text 參數值「Tap to Start」，以及座標 x 跟 y，然後設定字型檔案「font = resourcesVfs["NotoSans-Black.ttf"].readTtfFont()」，而字型大小 fontSize 設為 30，字型顏色 color 設為藍色字。

依照官網的範例，照理應該是 y 要設定為 0，但是不確定 fillText 這裡的座標起始的是從 NativeImage 的哪裡開始畫，設為 0 時，字串會沒辦法顯示出來，而為了要讓字顯是出來，試出要將 y 設定成跟字型大小一樣的高度才會出現字串⋯。

鴨鴨助教的補充

顯示套用字型檔的字串

把已經建立好的字串 bitmap 物件，放到 image 物件裡頭，然後設定位置跟 onClick 點擊的行為。

```
image(bitmap) {
    position((screenWidth - scaledWidth) / 2, screenHeight -
                                               screenHeight / 4)
    onClick {
        launchImmediately { sceneContainer.changeTo<Menu>() }
    }
}
```

執行後，果然跟上一回的 Text 預設字串是不一樣的風格，是後來套用的 NotoSans-Black 字型（如圖 2.6-3）。

圖 2.6-3　新的字型顯示

套用自訂的字型檔案步驟雖然多了一些，不過能選到符合遊戲風格的字型讓玩家感受到整體的一致性，都算是遊戲製作團隊的用心。

顯示非英文的字型

如果習慣打中文的各位，不知道有沒有發現輸入中文字串時根本沒有任何字顯示在畫面上。這個問題鴨鴨助教早在先前就已經先遇到坑了，還特地跑去問一下開發團隊的作者，結果原因是 KorGE 只支援 Latin 1 編碼也就是美國和西歐語言，所以想要顯示中文的話，就要找出中文的字型檔案放到專案資料夾，就能成功顯示中文了。

鴨鴨助教的補充

跟著鴨鴨助教一起練習

挑一個你喜歡的字型替換

這回換你實際試試看找一個字型檔案置換執行看吧！

鴨鴨助教的碎碎念

相信有開發UI經驗的工程師們，當你們把成品拿給設計或是PM同事，還滿多第一時間都會反應，"那個字體也太醜了吧！！"之類的話，或是設計師有的會抱怨說，為什麼沒用我設計圖上指定的字型呢！？其實工程師也是有點無奈，因為通常第一要務是功能有準確的呈現，UI的呈現優先權總是排在稍微後面，所以直接用系統上預設的字型來Demo呈現才是最快的。但是有時候是因為設計師根本沒有提供字型檔案（有時候是設計軟體裡的字型，實際上輸出到軟體上使用可能都要付費之類的），那這時候就找要出錢的人討論拉！？以上閒聊稍微偏離主題，現在回歸正題，如果我們有好看的設計字型何不拿來使用呢？！而且遊戲在視覺呈現上是非常重要的課題，雖然鴨鴨助教現在都用醜醜的自畫像來Demo給大家看，但是不表示挑選適合遊戲本身主題的美術風格跟字型是不重要的喔，那是因為鴨鴨助教的技能點不在美術，還是只能用工程師的風格，請多包涵。

參考連結

- https://korlibs.soywiz.com/korge/reference/font/
- https://github.com/korlibs/korge/issues/288

2.7 製作動畫特效

前面介紹場景切換、圖片處理以及文字跟字型處理都算是遊戲裡比較靜態的應用，這次終於要讓遊戲裡的東西開始動起來了！所以這一小節的重點會是介紹大家怎麼在 KorGE 裡讓你的遊戲物件透過程式進行變化。

while (true) + delay

這是 KorGE 官方文件介紹其中一個的簡單實現動畫效果的方式，就是在一個迴圈內實作你要想要的效果。這時就要聯想到我們在學習 Image 的 alpha 值變化以及在學習 Text 處理文字時有一個進版提示文字「Tap to Start」，讓這個提示文字透過 alpha 值的變化，達到漸變消失又再次顯示的效果，進而更吸引玩家的注意。

記得先找出前（2.6 小節）的程式碼，然後把套用字型的「Tap to Start」的 image 物件宣告一個 tapString 變數，好讓在「while(true)+delay」區塊內進行操作。

```
val tapString = image(bitmap) {
    position((screenWidth - scaledWidth) / 2, screenHeight -
                                                screenHeight / 4)
    onClick {
        launchImmediately { sceneContainer.changeTo<Menu>() }
    }
}
```

實現字串特效的程式邏輯就是將 tapString 每 100 毫秒會減少 0.1 的 alpha 值，當小於等於 0 時又會恢復成 alpha 值等於 1（如圖 2.7-1）。

```
launchImmediately {
    while (true) {
        tapString.alpha -= 0.1// 字串減少 alpha 值 0.1
        if(tapString.alpha <= 0){
            tapString.alpha = 1.0// 字串 alpha 值減少至 0 時恢復成 1
        }
        delay(100.milliseconds)
    }
}
```

圖 2.7-1　使用 while(true)+delay 方法

addFixedUpdater

另一種實現動畫特效的方法是「addFixedUpdater」，是 KorGE 的 view 元件都有這一個方法，你可以呼叫時帶入要更新的頻率，所以我們可以將 while(true)+delay 的程式進行改寫，並將 alpha 變化的程式邏輯寫到 addFixedUpdater 內，然後每 100 毫秒更新頻率帶入，就會得到一樣的效果。

```
tapString.addFixedUpdater(100.milliseconds){
    tapString.alpha -= 0.1// 字串減少 alpha 值 0.1
    if(tapString.alpha <= 0){
        tapString.alpha = 1.0// 字串 alpha 值減少至 0 時恢復成 1
    }
}
```

既然已經學會怎麼在 addFixedUpdater 內實作動畫特效了，我們再多學一個將 tapString 做從上往下的垂直移動的效果，也就是讓物件的 y 座標從 0 然後移動到目前的顯示的位置。

```
var moveHeight = screenHeight - screenHeight / 4 // 畫面的四分之三的高度
    val tapString = image(bitmap) {
        position((screenWidth - scaledWidth) / 2, 0.0) // 字串 y 座標歸零
        onClick {
            launchImmediately { sceneContainer.changeTo<Menu>() }
        }
    }
    tapString.addFixedUpdater(100.milliseconds){
        tapString.alpha -= 0.1// 字串減少 alpha 值 0.1
        if(tapString.alpha <= 0){
            tapString.alpha = 1.0
        }
        if(tapString.y < moveHeight){
            tapString.y += 20// 座標 y 值增加 20
        }
    }
```

將要移動到的高度從 position 的 y 座標提出來，取名為 moveHeight，然後 position 初始的時候 y 座標設為 0，接下來只要在 addFixedUpdater 內加一個邏輯判斷，當 y 座標還是小於 moveHeight，我們就持續將 y 座標增加 20 單位（如圖 2.7-2）。

圖 2.7-2　使用 addFixedUpdater 方法

addUpdater

另一種跟 addFixedUpdater 很像的是「addUpdater」，根據我的理解是根據螢幕畫面更新頻率去更新，而 addFixedUpdater 會是你給個固定頻去更新，所以兩者實際去實作出來後 addUpater 在做物體移動時會比較順暢。

Tweens

「Tweens」若依照字面上的理解，Tween 的意思是 8~10 歲的少年，好像也有說法是來是從 between 來的，其實主要表達就是兩者之間的意思，而遊戲也有稱作「補間動畫」。KorGE 也針對了 View 物件提供了 Tween 這個方法，也就是 View.Tween，據官方說法是讓你有 magic 的感受！確實使用起來也真的非常簡單，以官方提供的範例是將你的物件進行水平移動，只要給予物件的屬性的初始跟結束的數值，再設定更新頻率，就能達成效果了。

```
view.tween(view::x[10.0, 100.0], time = 1000.milliseconds)
```

所以我們可以用 tween 的方式改寫前一篇用 addFixedUpdater 裡頭實作的 y 值變化，直接一行搞定。

```
tapString.tween(tapString::y[tapString.y , moveHeight], time = 1000.
                                                       milliseconds)
```

學會了「while(true)+delay、addFixedUpdater、addHrUpdater、Tweens」這些動畫特效，是不是發現光是讓物體移動就能有這麼多招式，倘若你再去看 Animator.kt 裡還有滿多可以使用的方法，像是 moveTo、scaleTo、rotateTo 等等。希望大家都能多去嘗試利用各種組合，熟悉後就能實現對你遊戲內的物件要做形變或是位移以及旋轉的特效了，還不趕緊動手玩玩看！

跟著鴨鴨助教一起練習

試著把垂直移動的特效文字改成水平移動的特效文字

你已經看了鴨鴨助教示範了從天而降的文字特效了，就輪到你來實現平行移動的特效囉！

參考連結

- https://korlibs.soywiz.com/korge/reference/animation/#while-true-delay
- https://korlibs.soywiz.com/korge/reference/animation/#addfixedupdater-and-addhrupdater
- https://korlibs.soywiz.com/korge/reference/animation/#tweens

2.8 製作逐格動畫

「逐格動畫」就是由一連串連續的圖片組合而成的，遊戲中的角色或是物品會有連續動作想要呈現時，我們就能先畫好這些圖片影格，一張一張照順序排好。

SpriteAnimations

KorGE 的「SpriteAnimation」正是能實現逐格動畫的物件，我們能讓 SpriteAnimaiton 幫我們播放出來。而這些一張一張的影格我們會稱作「Sprite Sheet」，如果你手邊有這些動畫影格，就可以將它合併成一組 png 檔案，提供給 KorGE 來讀檔使用。

準備圖片

上網搜尋應該都有很多圖源，不過想要商用或是公開出來的還是要注意是否需要授權或是付費。這邊鴨鴨助教找到一個免費的資源（如圖 2.8-1），「https://kenney.nl/assets/platformer-art-deluxe」，選這套的原因是單純是因為裡頭的外星人角色動作很可愛，也有一些地板上的素材跟障礙物素材，很適合拿來做跑酷類型遊戲。

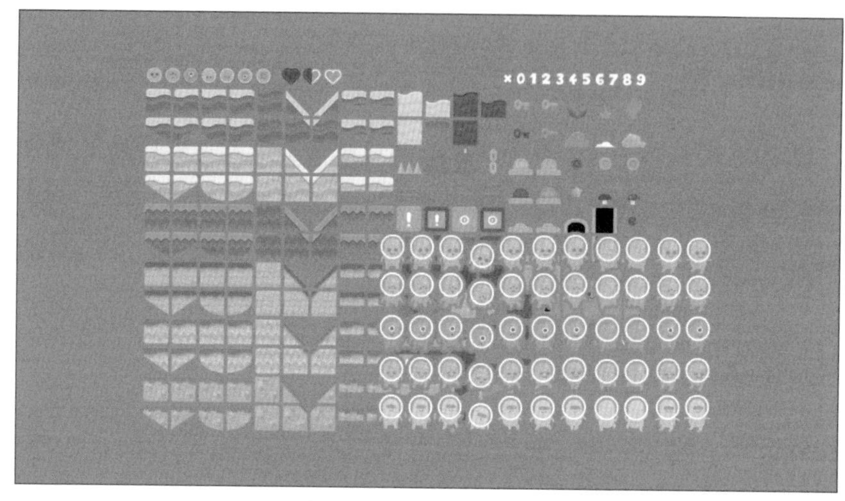

圖 2.8-1　免費圖片素材

下載完檔案後，解壓縮圖檔資料夾可以找到綠色外星人每一張走路的圖片（如圖 2.8-2）。

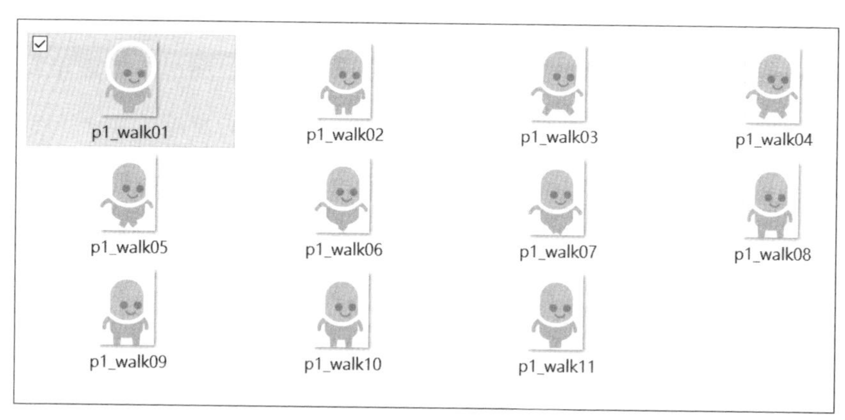

圖 2.8-2　外星人走路圖片

轉換成 Sprite Sheet

我們要先把它先轉換成一張 Sprite Sheet 把它命名為 green_alien_walk.png，這時可以利用「TexturePacker」，這個工具幫助你轉換，Windows 跟 Mac 還有 Linux 版本都支援（如圖 2.8-3），下載位置：「https://www.codeandweb.com/texturepacker」。

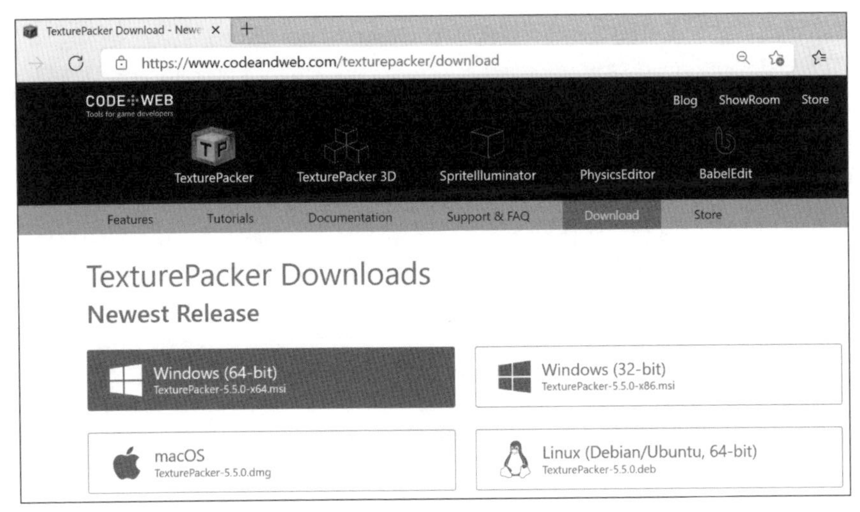

圖 2.8-3　TexturePakcer 工具

安裝好後，將那 11 張圖片拖曳到中間區域（如圖 2.8-4）。

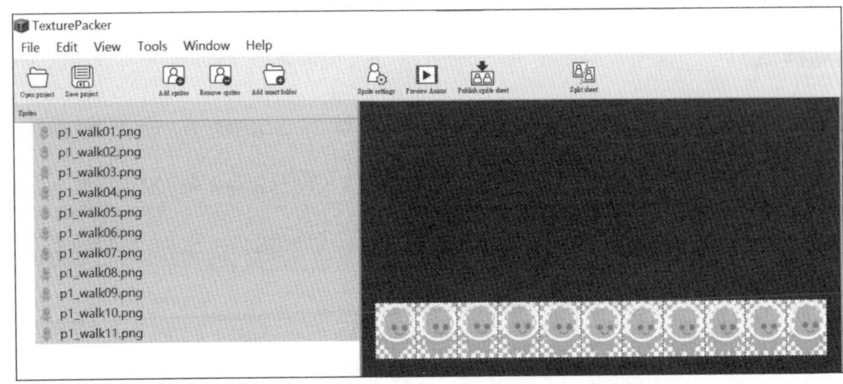

圖 2.8-4　TexturePacker 匯入外星人圖片

然後在視窗右下角邊可以看到「Packing」區塊，「Max size」改為選 1024 就夠了。接著再點選上方的「Publish sprite sheet」按鈕，就會輸出得到圖檔（如圖 2.8-5）。

圖 2.8-5　發佈得到 Sprite Sheet 圖片

將輸出的檔案命名成 green_alien_walk.png 放到專案資料夾的「/src/commonMain/kotlin/resources」裡頭（如圖 2.8-6）。

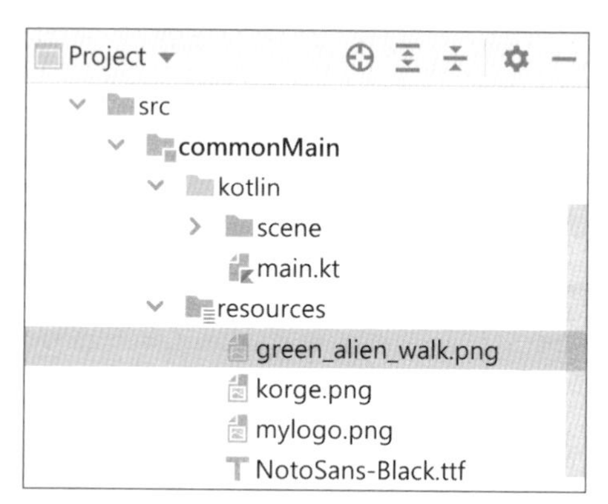

圖 2.8-6　將發佈圖片放入專案資料夾

開始寫程式

因為外星人走路我們預計會是在第三章的 GamePlay 畫面遊戲開始時才會出現，所以我們就先打開先前有建立好的 GamePlay.kt 檔案，把讀取 SpriteSheet 跟播放 SpriteAnimation 的程式寫到 Container.ScenceMain() 裡頭。

```
val spriteMap = resourcesVfs["green_alien_walk.png"].readBitmap()
val alienWalkAnimation = SpriteAnimation(
        spriteMap = spriteMap,
        spriteWidth = 72,
        spriteHeight = 97,
        marginTop = 0,
        marginLeft = 0,
        columns = 11,
        rows = 1,
        offsetBetweenColumns = 0,
        offsetBetweenRows = 0
)
val alien = sprite(alienWalkAnimation)
alien.spriteDisplayTime = 0.1.seconds
alien.playAnimationLooped()
```

讀取檔案的方式大家應該都不陌生了，主要是 SpriteAnimation 要設定的內容有 spriteMap，也就是我們做好的外星人 Sprite Sheet 檔案，然後我們要給播放圖片的寬度 spriteWidth=72 跟高度 spriteHeight=97(請看每張的外星人圖片檔案都是這個大小)，然後有欄位 columns=11，列是 rows=1。

```
SpriteAnimation(
        spriteMap = spriteMap,
        spriteWidth = 72,
        spriteHeight = 97,
        marginTop = 0,
        marginLeft = 0,
        columns = 11,
        rows = 1,
        offsetBetweenColumns = 0,
        offsetBetweenRows = 0
)
```

最後將這 SpriteAnimation 傳給 sprite 物件，然後播放的頻率設為 0.1 秒，並設成無限制播放。

```
val alien = sprite(alienWalkAnimation)
alien.spriteDisplayTime = 0.1.seconds
alien.playAnimationLooped()
```

執行程式後就能看到綠色外星人在原地走動了（如圖 2.8-7）。

圖 2.8-7　外星人原地走

想要讓他移動就加入學過的 while(true)+delay 跟 tween 囉！

```
while (true) {
    alien.tween(alien::x[0.0, 512.0], time = 5.seconds)
    delay(1.seconds)
}
```

果然外星人開始移動囉（如圖 2.8-8）。

圖 2.8-8　外星人移動中

學到這邊應該有覺得越來越好玩了，因為有角色開始活了起來，能開始走動了！之後 SpriteAnimation 會應用到很多需要動起來的遊戲物件上，所以除了綠色外星人之外，其他的外星人也能當作練習的材料，你也開始動手做吧！

參考連結

- https://korlibs.soywiz.com/korge/reference/sprites/
- https://www.youtube.com/watch?v=fY7a2xrHL9g

2.9 使用 Input 輸入系統

前面幾個小節都是在介紹透過畫面視覺呈現來給玩家刺激，但是大部分遊戲裡的互動，幾乎都還是由玩家來主動進行操控。

常見的行為就是透過滑鼠、鍵盤、或是遊戲搖桿，有的遊戲也有透過麥克風來進行聲控，若是手機遊戲，最直接的就是螢幕觸控，再來就是利用三軸加速來實現的遊戲類型，還有用鏡頭偵測影像來設計的遊戲！

KorGE 當然有提供這些從外部接收使用者輸入的 Input 類別（但是比較可惜是目前版本提供沒有三軸加速跟鏡頭的應用），鴨鴨助教就嘗試了滑鼠跟鍵盤，這些可以直接在開發電腦上比較快進行示範的輸入類型來練習。

偵測 Mouse 滑鼠座標

取用輸入系統的方式很簡單，只要呼叫以下這行，就能取用正在執行程式的所有輸入。

```
val input = views.input
```

我們寫一個測試範例，將接受到的滑鼠座標數值透過 Text 物件印在畫面上，將 input.mouse 的 x 跟 y 數值印出來。

```
text("").addUpdater {
    text = "Mouse Position:${input.mouse}"
    position(input.mouse.x, input.mouse.y)
}
```

程式執行，滑鼠指標移到畫面隨意移動，程式都能偵測並印出目前所在位置（如圖 2.9-1）。

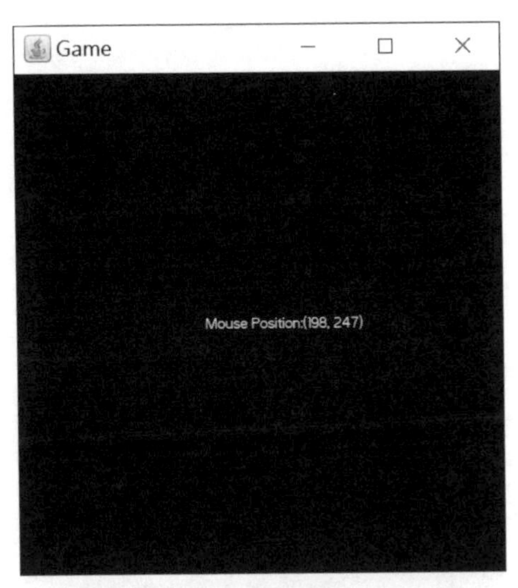

圖 2.9-1　顯示偵測到的滑鼠座標

偵測 Key 鍵盤輸入

鍵盤輸入的狀態分為三種，「justPressed、pressing 跟 justReleased」，就是一開始「被按到，持續按跟按了放開」。這裡我們寫了偵測鍵盤的空白鍵來測試。

```
text("").addUpdater {
    when {
        input.keys.justPressed(Key.SPACE) -> {
            println("Key justPressed")
        }
        input.keys.pressing(Key.SPACE) -> {
            println("Key pressing")
```

```
        }
        input.keys.justReleased(Key.SPACE) -> {
            println("Key justReleased")
        }
    }
}
```

程式執行後試著按下鍵盤上的空白鍵再放開，三種狀態就會在 console 上印出來，如果空白鍵按得越久，key pressing 就會被持續偵測印出訊息（如圖 2.9-2）。

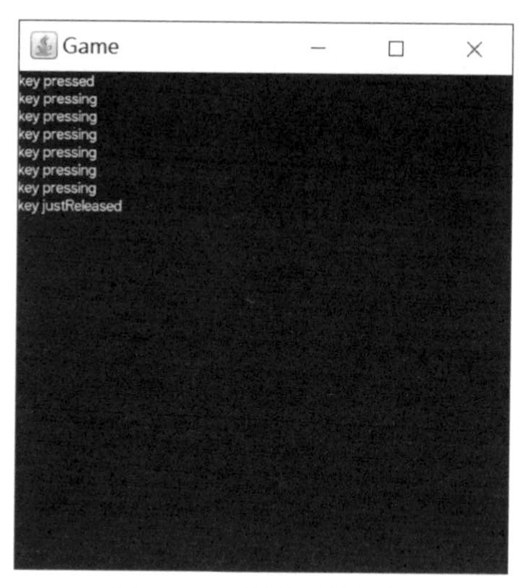

圖 2.9-2　偵測鍵盤狀態

» Event-based High-level API

KorGE 也有在 View 物件提供比較 High-level 的做法，最常使用的就是 onClick 這個方法了，所以滑鼠的跟鍵盤的事件偵測當然也少不了。滑鼠動作可以寫成以下樣子：

```
mouse{
    click{
        println("mouse click")
    }
    over{
        println("mouse over")
    }
    down{
        println("mouse down")
    }
    up{
        println("mouse up")
    }
}
```

而鍵盤一樣可以改寫：

```
keys{
    down(Key.SPACE){
        println("Key down")
    }
    up(Key.SPACE){
        println("Key up")
    }
}
```

執行後滑鼠跟鍵盤輸入的效果（如圖 2.9-3）。

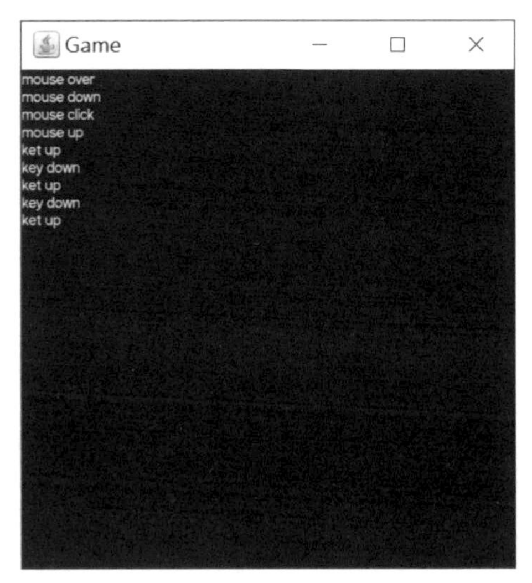

圖 2.9-3　high-level 輸入偵測

學習這些 Input 相關資料想當然爾就是應用在遊戲裡頭囉，如果你的遊戲是需要角色的移動由玩家操控，你就要偵測上下左右的鍵盤了。而鴨鴨助教特別挑了偵測空白鍵就是想要拿空白鍵當作外星人跳耀的觸發按鍵啦！怎麼實作出來，我們會再後面講說角色部分的時候再來拿來應用囉！

參考連結

- https://korlibs.soywiz.com/korge/reference/input/

2.10 使用音效 Audio

遊戲的音效在遊戲中也是很重要的一環，如果精心設計的美術圖片跟場景是帶給玩家視覺的饗宴，那遊戲裡的音樂跟音效就是聽覺的饗宴了！應該也有人有經驗是還沒看到遊戲的畫面，先聽到它的背景音樂或是音效，或是角色的聲音，就能辨識出是哪一款遊戲。而遊戲中通常有分音樂跟音效檔案，音樂通常是我們常講的背景音樂，會持續一小段時間進行循環播放，或是遊戲有劇情故事，會有一小段的台詞的聲音。而音效檔案有時是介面上點擊按鈕時產生的聲音，或是一些物體碰撞，掉落的聲音，會搭配畫面的特效一起產生的聲音。

播放音樂

KorGE 這次使用音效的功能是同一系列 korlibs 的 KorAu，一樣都是由 Kotlin 打造的 audio library，其中支援的音效格式有 WAV、MP3、OGG。

鴨鴨助教這次寫的範例是拿 MP3 檔案來做示範，先是將音樂（或音效）檔案放置在專案裏頭的位置「/src/commonMain/kotlin/resources」（如圖 2.10-1）。

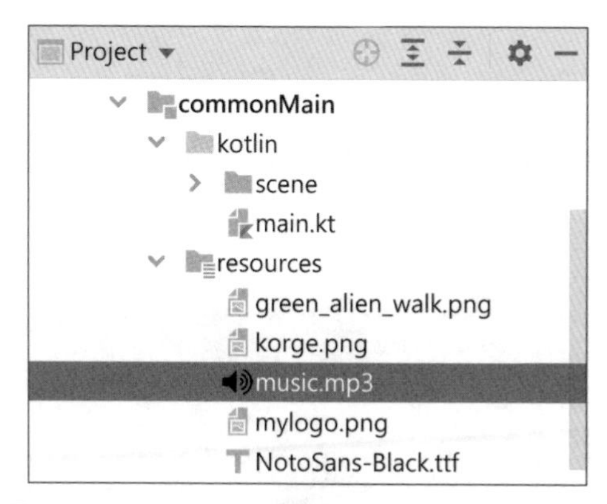

圖 2.10-1　將 mp3 音樂檔案放入專案資料夾

讀取播放檔案

播放音樂首要先讀取音樂檔案。

```
val music = resourcesVfs["music.mp3"].readMusic()
```

播放一次

然後隨後進行播放。

```
music.play()
```

指定次數播放音樂

想要指定播放次數可以這樣寫。

```
music.play(2.playbackTimes)
```

無限次播放

想要無限循環播放就這樣寫。

```
music.play(PlaybackTimes.INFINITE)
```

停止播放

如果想要終止聲音就比較麻煩點，需要先把聲音分配給 Sound Channel，透過 Channel 來停止。

```
val music = resourcesVfs["music.mp3"].readMusic()
val channel = music.play(PlaybackTimes.INFINITE)
channel.stop()
```

暫停播放

暫停播放也是需要 Sound Channel 進行。

```
val music = resourcesVfs["music.mp3"].readMusic()
val channel = music.play(PlaybackTimes.INFINITE)
channel.pause()
```

恢復播放

恢復播放同理也需要 Sound Channel 來進行。

```
val music = resourcesVfs["music.mp3"].readMusic()
val channel = music.play(PlaybackTimes.INFINITE)
channel.resume()
```

鴨鴨助教已經有把音樂的開始、結束、暫停跟恢復播放、都寫在一個這個小節的 Demo.kt 測試的程式，可以直接切換聽聽看不同音樂播放狀態（如圖 2.10-2）。

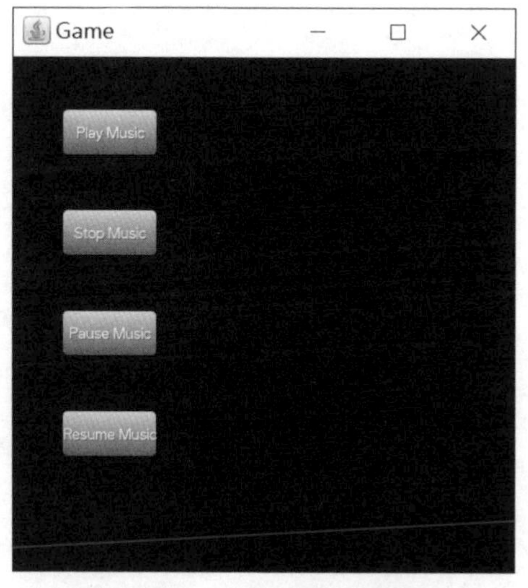

圖 2.10-2　不同音樂播放狀態

鴨鴨助教
的碎碎念

一般來說，播放音樂的功能基本應該要有 play、pause、stop，但是在 KorGE 1.0 版本暫時沒有暫停功能，也沒有恢復繼續播放的功能。鴨鴨助教就在參加鐵人賽的當時就像官方開發團隊留言發出這個疑問，官方也在之後的 KorGE2.0 版本將此議題解決了。

跟著鴨鴨助教一起練習

幫你的進版畫面加上背景音樂吧！

鴨鴨助教提示：將播放音樂的程式碼片段放到 Splash.kt 後編譯執行（記得要打開喇叭試聽唷）！

參考連結

- https://korlibs.soywiz.com/korge/reference/audio/

2.11 畫面解析 Resolution

這回要來介紹 KorGE 的怎麼處理畫面的解析度。因為我們先前的範例都是用預設的 512x512 大小來顯示，但是 1：1 通常不會是遊戲常見的遊戲比例，至少現在都要用個 16:9 才比較符合現在常用的顯示比例。

實際螢幕與虛擬螢幕

KorGE 處理畫面有分為「Native Screen」跟「Virtual Screen」，這個用 KorGE 建立的視窗，實際螢幕大小就是 1920x1080（單位為 px），而虛擬螢幕大小就是 640x480（單位為 vp）（如圖 2.11-1）。

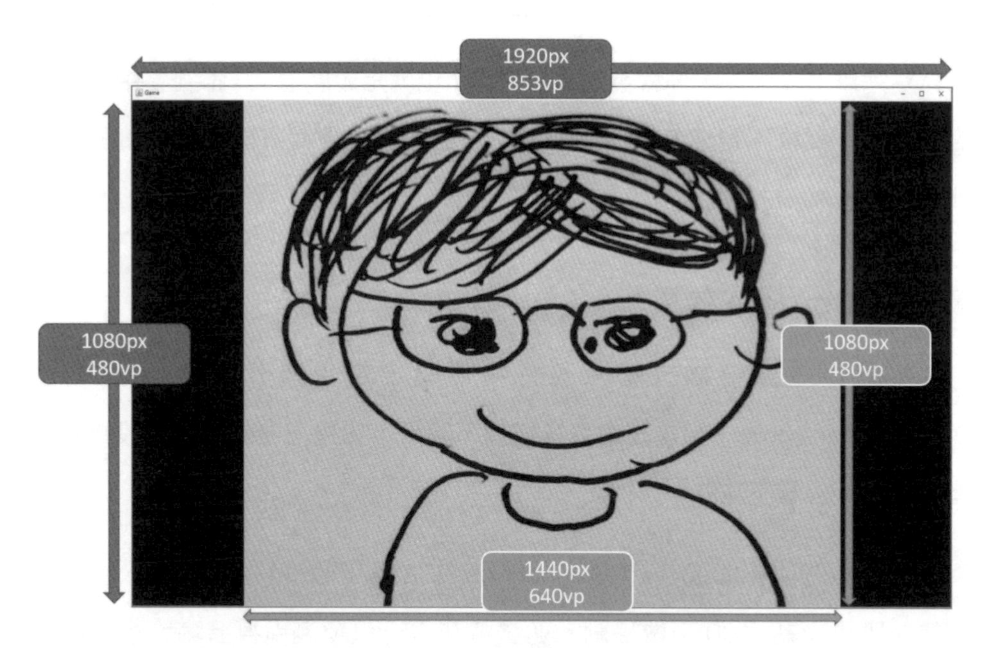

圖 2.11-1　KorGE 的螢幕解析度示意圖

螢幕解析度設定

DSL 寫法設定，實際螢幕大小 1920x1080，遊戲虛擬螢幕大小 640x480。

```
suspend fun main() = Korge(width = 1920, height = 1080, virtualWidth
                                    = 640, virtualHeight = 480) {}
```

也可以像我們（2.3 小節）練習過用 Korge.Config 傳入一個 Module 來設定這些視窗的屬性。

```
suspend fun main() = Korge(Korge.Config(module = ConfigModule)) {}
object ConfigModule : Module() {
    override val size = SizeInt(640, 480)
    override val windowSize = SizeInt(1920, 1080)
}
```

寫完以上設定後，你會發現虛擬螢幕 (也就是遊戲畫面) 都會置中去填滿實際螢幕，然後不管你怎麼手動調整視窗的大小，虛擬畫面都會依實際螢幕比例來縮放。

clipBorders 效果

如果在虛擬螢幕有圖片或是物件顯示超出邊界範圍，KorGE 的「clipBorders=true」預設是會直接切掉不顯示，如果把物件的座標設為虛擬螢幕外，是會看不見的。

我們拿先前在練習 SpriteAnimations 的 GamePlay.kt 綠色外星人故意把初始 x 座標設為 -100 來做移動，並試著加入一張填滿虛擬螢幕大小的圖片當背景。

```
image(resourcesVfs["bg_shroom.png"].readBitmap()) {// 填滿虛擬螢幕的背景圖片
    anchor(0.5, 0.5)
    scaledWidth = ConfigModule.size.width.toDouble()
    scaledHeight = ConfigModule.size.height.toDouble()
    position(scaledWidth/2, scaledHeight/2)
}
alien.tween(alien::x[-100.0, 512.0], time = 3000.milliseconds)
// 外星人從 x 座標 -100 開始移動
```

實際程式執行外星人在背景範圍外移動不會顯示出來，直到移動到原點後才冒出來，這就是「clipBorders=true」的效果（如圖 2.11-2）。

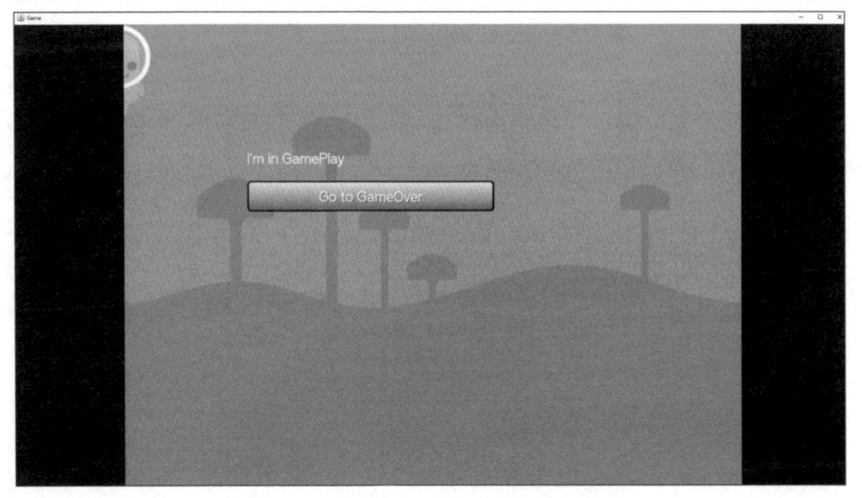

圖 2.11-2　clipBorders=true 的效果

如果遊戲有特別設計的需求，希望是超出虛擬螢幕外也希望能看見物件，可以將設定為「clipBorders=false」（如圖 2.11-3）。

```
object ConfigModule : Module() {
    override val clipBorders = false
}
```

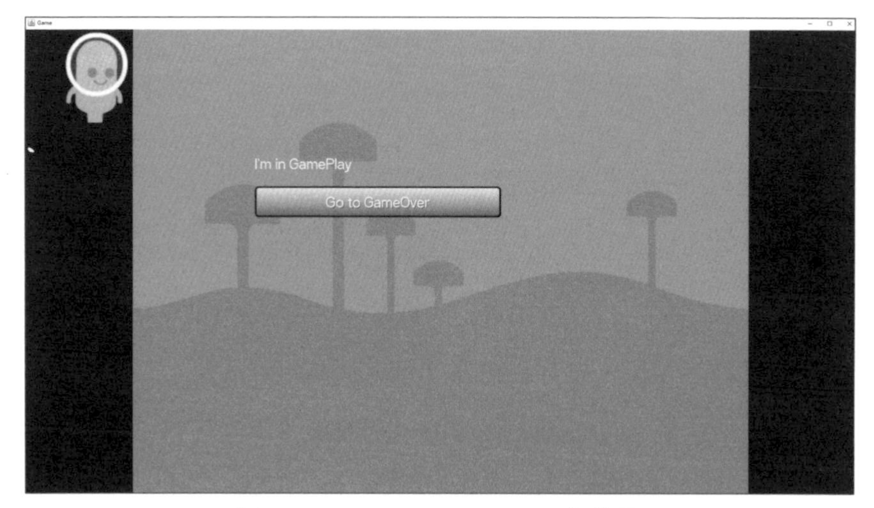

圖 2.11-3　clipBorders=false 的效果

會這樣區分實際螢幕跟虛擬螢幕主要也是要讓遊戲畫面去適合不同尺存的螢幕解析度，因為 KorGE 支援在不同平台的輸出，能跑在桌機上、Web 及手機，所以才有 virtual screen 虛擬畫面的設計。至於怎麼輸出到不同平台的我們也會在後面的第五章提到囉！

跟著鴨鴨助教一起練習

試試看設定不同的螢幕解析大小

鴨鴨助教建議以試試看套用自己電腦或是手機的螢幕解析度來嘗試看看畫面的呈現。

參考連結

- https://korlibs.soywiz.com/korge/reference/resolutions/

2.12 總結

鴨鴨助教已經介紹了如何安裝 KorGE 的開發環境，並從設計一個小遊戲的架構來帶領各位運用 KorGE 的元件。像是使用 Scene 切換場景的來引導從頭到尾的遊戲流程，並利用 Image 圖片跟 Text 文字元件來建構裡頭的遊戲畫面，以及加入動畫特效跟聲音增添遊戲效果，還有講解一些跟玩家互動的 Input 輸入系統，最後也介紹了 KorGE 的螢幕解析度的概念。有了對 KorGE 的這些初步的認識後，相信各位在下一章的實戰練習會更信心十足地去面對下一關的挑戰了。

MEMO

CHAPTER

遊戲前端開發篇

第二章節的內容已經介紹可以運用在遊戲裡頭的 KorGE 元件跟使用方式，算是已經把新手該學的技能都跑過一遍了，而從現在開始鴨鴨助教要帶大家進入到開發遊戲的實戰訓練了！

3.1 遊戲背景製作

前面第二章章節準備好的遊戲畫面有 Splash、Menu、GamePlay、GameOver 跟 Rank，現在我們就要為這些畫面來準備遊戲背景，而這裡準備遊戲背景的用意就是把腦中想像的畫面轉換成實際影像，好幫助釐清遊戲中有哪些細節需要來完成。如果習慣直接用手畫或是拿智慧手機、平板電腦畫草稿都可以，找類似遊戲的遊戲畫面拿來修改也可以。

Splash

進版畫面的滿版圖片一張，取名為 splash_bg.png。

這裡我會套用免費的圖片資源，因為裡頭有一張有冒險動作遊戲的氣氛，很適合當開頭的進版畫面，只要再加上我們在（2.5 小節）學到的用文字元件顯示「Tap to Start」應該就有不錯的效果了（如圖 3.1-1）！

圖 3.1-1　進版畫面示意圖

Menu

遊戲選單的滿版圖片一張，取名為 menu_bg.png。

目前的想像畫面，可能會將五隻角色依序放在畫面上，然後每次在開始遊戲前，選定一隻角色後，角色就會開始原地動作，按下開始進入到遊戲開始畫面。這張圖片也是我拿其中的一張 sample 剪剪貼貼出來的，還不是真正的遊戲 Menu 畫面，但是看起來已經有遊戲的 feel 了吧（如圖 3.1-2）！

圖 3.1-2　選單畫面示意圖

GamePlay

遊戲背景可以有好幾張，目前鴨鴨助教根據下載的免費圖片資源提供的四張背景圖，分別列出為：game_play_bg_castle.png、game_play_bg_desert.png、game_playbg_bg_grasslands.png 跟 game_play_bg_bg_shroom.png。

可能在試作第一個版本時只會挑出一個背景畫面放入遊戲場景，之後在依關卡的設計去變化背景，而其餘要放入場景的還有外星人、地板和路上的障礙物（如圖 3.1-3）。

圖 3.1-3　遊戲畫面示意圖

GameOver

遊戲結束會有兩張圖片，一張是遊戲闖關失敗的結束畫面，一張是闖關成功的結束畫面，取名為 game_over_success_bg.png 跟 game_over_failed_bg.png。大概就拿一個沮喪表情的外星人跟微笑表情的外星人，和深色背景（如圖 3.1-4）還有亮色背景（如圖 3.1-5）來製造成功和失敗的反差。

圖 3.1-4　遊戲結束（闖關失敗）示意圖

圖 3.1-5　遊戲結束（闖關成功）示意圖

Rank

排行榜背景圖一張，取名為 rank.png。

我的排行榜設計可能目前只顯示冠軍、亞軍、季軍，然後自己目前最高的分數，所以想像中會長成這樣（如圖 3.1-6）。

圖 3.1-6　排行榜示意圖

以上這些列舉的動作就是在開背景圖片的需求清單給美術團隊來進行設計，然後可以用一些假圖或是截取其他遊戲畫面截圖，甚至能動手畫草稿，來講解給你的設計想法給同事，這是讓彼此在溝通過程會比較順暢的做法。而這些還不算是真正遊戲最後的定案，還算是在雛形階段，但比起只是在場景上用個按鈕去做切換，有了 demo 的遊戲畫面，遊戲完成度又更往前一點了。

跟著鴨鴨助教一起練習

準備你的遊戲畫面需求清單

試試看先把遊戲架構的五個畫面示意圖做出來（若跟鴨鴨助教一樣是做跑酷遊戲，那就試著不同的素材來拼湊畫面），幫助你建構心目中的遊戲的全貌。

參考連結

- https://kenney.nl/assets/platformer-art-deluxe

3.2 GamePlay 設計 - 遊戲關卡編輯

開始要進入到設計遊戲核心的部分「GamePlay」畫面了，遊戲畫面在前一篇有說可以用四個背景圖去切換，那剩下的就是遊戲中的角色，跟一些場景物件，像是角色必須站在地平線上，以及在移動過程中，會有一些攻擊的障礙物，跟一些得分的金幣也需要放在遊戲畫面上喔！別忘了還要讓玩家能看見角色的血條，以及吃的錢幣分數也要在畫面顯示。

那該怎麼去規劃把這些物件放在上面呢？總不能隨意地亂放，而且一開始鴨鴨助教就講明要設計一款跑酷遊戲了，所以這些物品位置的變化，最好規劃一個地方記下來，等遊戲開始後，載入進來顯示，讓角色跟這些物品互動。

分配遊戲畫面

鴨鴨助教將遊戲設計畫面的解析度設定為 960x540（虛擬畫面大小），然後配合素材的大小大部分是 70x70，因此遊戲的畫面會以每格 70x70 的（14x8）的矩陣大小組合。多出的寬（980 - 960）= 20 跟高（560 - 540）= 20，其實沒有太多影響。記不記得在（2.11 小節）有學過，如果有超出畫面虛擬畫面的圖，只要設置「clipborder = true」就會被截掉，只要注意寬度跟高度多保留這 20vp，就不會有超出的問題了（如圖 3.2-1）。

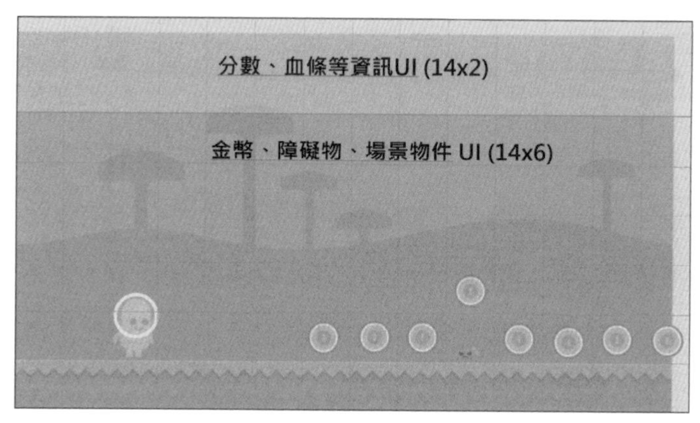

圖 3.2-1　遊戲畫面切割示意圖

接著我們就可以開始分配這（14x8）的遊戲區域，從上到下分為（14x2）區塊分給一些血條跟分數資訊顯示，而剩下的（14x6）區塊就分給跑酷的角色以及放置金幣跟障礙物，還有角色站的地平線的土地，有了這些區塊定義，就能進行遊戲關卡的內容了。

編輯遊戲關卡

前一步驟我們已經將畫面切割成（14x8）的小格子了，這樣就算不會寫程式的人也能幫忙製作關卡內容，請他先把想要代表的物件用代號或是數字填寫，也能完成（連我阿嬤都辦得到！）。只要能讓程式去分辨誰是地板、誰是金幣、誰是敵人或障礙物就可以了（如圖 3.2-2）。

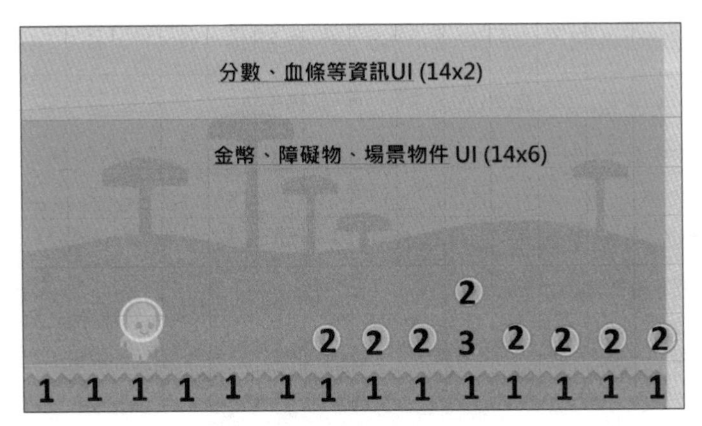

圖 3.2-2　將物件編號分類

鴨鴨助教就在這一張示意畫面已經填寫好物件的編號，1 表示地板、2 表示金幣、3 表示障礙物敵人，而圖像的數字（阿嬤寫的數字）其實還是無法讓程式直接讀取，我們還是需要把（14x8）的矩陣內容寫成 txt 檔案，為了方便程式存取，把沒有物件的地方用 0 表示，然後逗號區分下一格內容，txt 檔案就會如下圖（圖 3.2-3）：

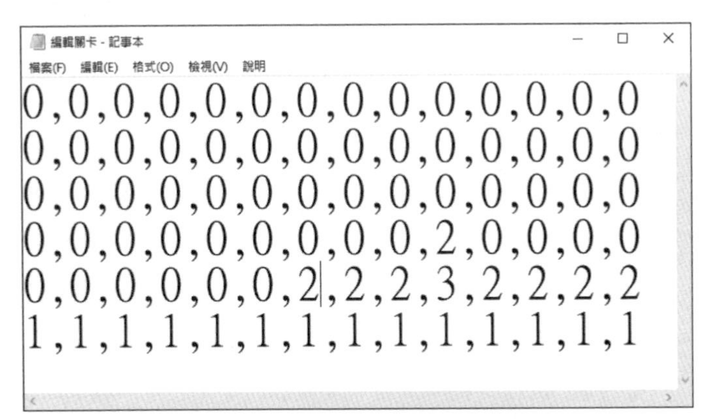

圖 3.2-3　用文字檔做關卡編輯

當然遊戲的畫面不會只有（14x8）一個畫面，你可以用（14x8）的大小以此類推去設計好幾個畫面的資料，最後串聯起來就能變成外星人要去闖關的內容了。

現今已經有很多遊戲工具或是開發引擎其實都有關卡或是地圖編輯器了，把物件拉進去放一放就能完成。所以鴨鴨助教介紹的方式有點算是土法煉鋼的方法，一格一格刻畫出來的，希望這樣慢慢解構遊戲的方式能讓大家理解。

鴨鴨助教的碎碎念

有人問鴨鴨助教為什麼直接略過 Splash、Menu 畫面，反而先進到設計遊戲核心的部分？這是因為相較於這前兩個畫面，遊戲的核心就是整個遊戲的靈魂，需要建構的時間跟需要運用的技術比較其他畫面多，而其餘的畫面像是通往靈魂的橋樑，也是不可少，但相對就比較容易實作出來，也會在後面的篇幅介紹，各位不用太擔心唷。

3.3 GamePlay 設計 - 背景、地面、物品

交代了 GamePlay 的畫面架構之後，這回鴨鴨助教終於要借用大家的手來動手寫 Code，把遊戲的背景、地板、障礙物還有得分的物品一一放到遊戲畫面上去囉！練習的時候可以把同個 Scene 的程式先放在一起，所以我多建立一個專門放 Gameplay 的資料夾「/src/commonMain/kotlin/gameplay」（如圖 3.3-1）。

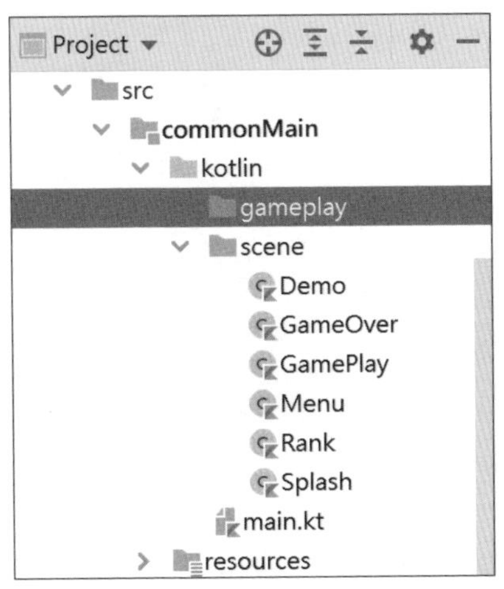

圖 3.3-1　Gameplay 的資料夾

遊戲物件

首先這些物件我們建立一個抽象類別 Item，因為遊戲上的這些物品物件都要加入 Scene 裡頭，所以都繼承了 Container，才能讓 Scene 可以把這些物件用 addChild 加到 View 裡呈現，基本的物件的大小寬 70 跟高 70 的設定是我們在（3.2 小節）分配遊戲畫面時就有提及到，將它宣告成 val 常

數「BASE_WIDTH」跟「BASE_HEIGHT」。接著物件會 load() 載入資源檔案跟擺放位置 position(x,y)，所以會有一個 mImage 圖片變數。而物件還會進行 move() 移動的動作，才會有 moveSpeed 移動速度跟初始 X 座標位置 defaultX 的屬性。

Item.kt

```
abstract class Item : Container() {

    val BASE_WIDTH = 70.0          // 物件寬的單位
    val BASE_HEIGHT = 70.0         // 物件高的單位

    var moveSpeed = 4              // 移動速度
    var defaultX = 0.0             // 初始 x 位置
    var mImage: Image? = null      // 物件圖片

    abstract suspend fun load() // 載入資料
    abstract suspend fun position(x: Int, y: Int)// 擺放位置

    open fun move() {              // 移動
        x -= moveSpeed
    }
}
```

遊戲背景

命名為 Background，直接 override load() 跟 position() 即可。

Background.kt

```
class Background: Item() {
    override suspend fun load() {
        mImage = image(resourcesVfs["bg_shroom.png"].readBitmap())
    }
```

```
    override suspend fun position(x: Int, y: Int) {
    }
}
```

GamePlay.kt

這時已經可以先把先前寫在 GamePlay 的練習程式移掉擺在一旁，我們要開始重新寫新的 Code，所以只要保留 sceneInit() 的殼。我們在 GamePlay.kt 的 sceneInit() 裡進行背景圖的載入，並且讓背景加到 GamePlay 裡。

```
class GamePlay() : Scene() {
    override suspend fun Container.sceneInit() {
        addChild(Background().apply { load() })
    }
}
```

執行後的結果會是這樣，會有底下黑色是正常的，因為你去看原圖大小是 1024x512，我們的虛擬視窗大小是 960x540，會少了 28 個單位，但是這不會特別影響我們最後遊戲畫面的呈現（如圖 3.3-2），因為我們接下來要畫外星人站在上面的地平面，他的高度會是 70 個單位，會遮掉黑色的部分，如果有強迫症一定不留白的人，可以自己去縮放圖片或是找一張剛好適合高度的圖片。

圖 3.3-2　遊戲背景圖

地平面

地板的貼圖不像幾乎佔滿整個遊戲場景的背景圖，只需要一個單位的貼圖，然後連續貼滿一行畫面，就能製造出地平面的效果了。

Floor.kt

寫法跟 Background 幾乎一樣了，就是換張圖片。

```
class Floor : Item() {
    override suspend fun load() {
        mImage = image(resourcesVfs["grassMid.png"].readBitmap())
    }

    override suspend fun position(x: Int, y: Int) {
        defaultX = x * BASE_WIDTH + (BASE_WIDTH - (mImage?.width ?:
                                                                0.0)) / 2
        position(defaultX, y * BASE_HEIGHT + (BASE_HEIGHT - (mImage?.
                                                   height ?: 0.0)) / 2)
    }
}
```

金幣

金幣的效果就是我們的得分物件。

Coin.kt

```
class Coin : Item() {
    override suspend fun load() {
        mImage = image(resourcesVfs["hud_coins.png"].readBitmap())
    }

    override suspend fun position(x: Int, y: Int) {
        defaultX = x * BASE_WIDTH + (BASE_WIDTH - (mImage?.width ?:
                                                            0.0)) / 2
        position(defaultX, y * BASE_HEIGHT + (BASE_HEIGHT - (mImage?.
                                              height ?: 0.0)) / 2)
    }
}
```

障礙物

障礙物可能就像是石頭，角色撞到將會失分或是扣血。

Obstacle.kt

```
class Obstacle (): Item() {
    override suspend fun load() {
        mImage = image(resourcesVfs["rock.png"].readBitmap())
    }

    override suspend fun position(x: Int, y: Int) {
        defaultX = x * BASE_WIDTH + (BASE_WIDTH - (mImage?.width ?:
                                                            0.0)) / 2
        position(defaultX, y * BASE_HEIGHT + (BASE_HEIGHT - (mImage?.
                                              height ?: 0.0)) / 2)
    }
}
```

敵人

敵人就跟角色一樣是有動畫特效，不過還是算在遊戲畫面中的物件，一樣繼承 Item()。

Enemy.kt

```
class Enemy : Item() {

    lateinit var spriteMap: Bitmap
    lateinit var walkAnimation: SpriteAnimation
    lateinit var walkSprite: Sprite

    override suspend fun load() {
        spriteMap = resourcesVfs["pink_enemy_walk.png"].readBitmap()
        walkAnimation = SpriteAnimation(
            spriteMap = spriteMap,
            spriteWidth = 51,
            spriteHeight = 28,
            marginTop = 0,
            marginLeft = 0,
            columns = 2,
            rows = 1,
            offsetBetweenColumns = 0,
            offsetBetweenRows = 0
        )
        walkSprite = sprite(walkAnimation) {
            spriteDisplayTime = 0.1.seconds
        }
        walkSprite.playAnimationLooped()
    }

    override suspend fun position(x: Int, y: Int) {
        defaultX = x * BASE_WIDTH + (BASE_WIDTH - (walkSprite.width)) / 2
        position(defaultX, y * BASE_HEIGHT + (BASE_HEIGHT - (walkSprite.
                                                            height)) / 2)
    }
}
```

GamePlay.kt

回到 GamePlay.kt 這邊我會先宣告一個名稱為 stageValue 的整數陣列存放在（3.2 小節）設計的關卡內容的陣列。

```
val stageValue = listOf<Int>(
    0, 0, 0, 0, 0, 0, 0, 0, 0, 0, 0, 0, 0, 0,
    0, 0, 0, 0, 0, 0, 0, 0, 0, 0, 0, 0, 0, 0,
    0, 0, 0, 0, 0, 0, 0, 0, 0, 0, 0, 0, 0, 0,
    0, 0, 0, 0, 0, 0, 0, 0, 0, 0, 0, 0, 0, 0,
    0, 0, 0, 0, 0, 0, 0, 0, 0, 0, 0, 0, 0, 0,
    0, 0, 0, 0, 0, 0, 0, 0, 0, 2, 0, 0, 0, 0,
    0, 0, 0, 0, 0, 0, 2, 2, 2, 3, 2, 2, 4, 2,
    1, 1, 1, 1, 1, 1, 1, 1, 1, 1, 1, 1, 1, 1)
```

ItemType.kt

接著把這些遊戲物件用一個 enum class 包裝，去表示對應的項目。

```
enum class ItemType{
    NONE,
    FLOOR,
    COIN,
    OBSTACLE,
    ENEMY
}
```

把畫面上的物品依 stageValue 去分配畫面上的位置，在定義金幣、障礙物、敵人時可以發現它們都有 override position()，裡面的程式邏輯就是在定位物件在畫面上的位置，用兩個 for 迴圈來執行，就是先從上往下 (y in 0..7)，從左往右 (x in 0..13) 讀取數值，依據不同物件類型進行圖片的載入 load() 跟擺放圖片 position()。

```
var items = arrayListOf<Item?>()
for (y in 0..7) {
    for (x in 0..13) {
    val item = when (ItemType.values()[stageValue[y * 14 + x]]) {
        ItemType.FLOOR -> {    // 地板物件
            Floor().apply {
                load()
                position(x, y)
            }
        }
        ItemType.COIN -> {     // 金幣物件
            Coin().apply {
                load()
                position(x, y)
            }
        }
        ItemType.OBSTACLE -> {// 障礙物物件
            Obstacle().apply {
                load()
                position(x, y)
            }
        }
        ItemType.ENEMY -> {    // 敵人物件
            Enemy().apply {
                load()
                position(x, y)
            }
        }
        else -> {
            null// 空物件
        }
    }
    items.add(item)
    }
}
```

然後在 GamePlay 用 addChild() 把每個物件加入場景，並隨後開始載入圖片。

```
val parentView = this
items.forEach {
    it?.run{
        parentView.addChild(this)
    }
}
```

試著跑程式看看，我們把這些遊戲物件都放在畫面上囉（如圖 3.3-3）！

圖 3.3-3　遊戲物件放置到畫面上

遊戲物件管理

不知道各位有沒有發現，現在 GamePlay.kt 已經被內容很長的遊戲物件給佔了大部分版面，但是誰也不能保證之後不會想要改關卡的內容，或是突發奇想加更多的新的遊戲物件類型（就像被某人追加要求，沒有先準備好就慌了手忙腳亂的感覺)。為了因應程式開發後期的變動，鴨鴨助教只好先著手把從載入關卡跟載入遊戲物件的程式碼先整理交給另一個取名為「ItemManager.kt」遊戲物件管理，把初始關卡的動作寫在 init()，而遊戲物件加入到 GamePlay 場景的程式寫在 load() 裡。

ItemManager.kt

```
object ItemManager {
    var items = arrayListOf<Item?>()
    suspend fun init() {
        items.clear()
        val stageValue = listOf(
            0, 0, 0, 0, 0, 0, 0, 0, 0, 0, 0, 0, 0, 0,
            0, 0, 0, 0, 0, 0, 0, 0, 0, 0, 0, 0, 0, 0,
            0, 0, 0, 0, 0, 0, 0, 0, 0, 0, 0, 0, 0, 0,
            0, 0, 0, 0, 0, 0, 0, 0, 0, 0, 0, 0, 0, 0,
            0, 0, 0, 0, 0, 0, 0, 0, 0, 0, 0, 0, 0, 0,
            0, 0, 0, 0, 0, 0, 0, 0, 0, 2, 0, 0, 0, 0,
            0, 0, 0, 0, 0, 0, 2, 2, 2, 3, 2, 2, 4, 2,
            1, 1, 1, 1, 1, 1, 1, 1, 1, 1, 1, 1, 1, 1
        )
        for (y in 0..7) {
            for (x in 0..13) {
                val item = when (ItemType.values()[stageValue[y * 14 + x]]) {
                    ItemType.FLOOR -> {
                        Floor().apply {
                            load()
                            position(x, y)
                        }
                    }
                    ItemType.COIN -> {
                        Coin().apply {
                            load()
                            position(x, y)
                        }
```

```
                    }
                    ItemType.OBSTACLE -> {
                        Obstacle().apply {
                            load()
                            position(x, y)
                        }
                    }
                    ItemType.ENEMY -> {
                        Enemy().apply {
                            load()
                            position(x, y)
                        }
                    }
                    else -> {
                        null
                    }
                }
                items.add(item)
            }
        }
    }
    fun load(parentView: Container) {
        items.forEach {
            it?.run {
                parentView.addChild(this)
            }
        }
    }
}
```

這樣一來在往後跟關卡還有遊戲物件有關的修改就找這個「ItemManager.kt」檔案處理，也讓在遊戲場景的 GamePlay.kt 的程式碼看起來更簡潔清楚明瞭，一看就知道進入 GamePlay 畫面會先加入遊戲背景，接著初始遊戲物件跟加入遊戲物件，而不會像前面還沒整理前進到 GamePlay 就一整片落落長的程式碼。

GamePlay.kt

```
class GamePlay : Scene() {
    override suspend fun Container.sceneInit() {
        // 加入遊戲背景到場景
        addChild(Background().apply { load() })

        val parentView = this
        // 物件管理
        ItemManager.run{
            init()// 初始所有遊戲物件
            load(parentView)// 加入遊戲物件到場景
        }
    }
}
```

3.4 GamePlay 設計 - 角色動作

不曉得各位還記得第二章的（2.8 小節）鴨鴨助教有用 SpriteAnimations 來做會走路的綠色外星人嗎？是的，這次我們要寫程式來設計角色的內容了。

角色的狀態

首先我們要來定義外星人的狀態，會有走路、跳躍，掉落，受傷，死亡，跟過關這幾個狀態。於是設計一個狀態的 enum class 如下：

```
enum class STATUS {
    WALK,
    JUMP,
    FALL,
    HURT,
    DEAD,
    GOAL
}
```

載入走路動畫

我們把外星人設計一個類別 class Alien 繼承 Container，因為也要加到 GamePlay 的 Scene，初始狀態會給走路 STATUS.WALK，所以 enum class STATUS 也會寫在 Alien.kt 檔案。其餘載入素材的部分，就從（2.8 小節）寫好的程式碼複製過來，走走走（如圖 3.4-1）！

圖 3.4-1　外星人走路動作

Alien.kt

```
class Alien : Container() {

    enum class STATUS {
        WALK,
        JUMP,
        FALL,
        HURT,
        DEAD,
        GOAL
    }

    var status = STATUS.WALK//角色狀態

    lateinit var spriteMap: Bitmap
    lateinit var walkAnimation: SpriteAnimation
    lateinit var walkSprite: Sprite

    suspend fun load() {
        spriteMap = resourcesVfs["green_alien_walk.png"].readBitmap()
        walkAnimation = SpriteAnimation(
            spriteMap = spriteMap,
            spriteWidth = 72,
            spriteHeight = 97,
            marginTop = 0,
            marginLeft = 0,
            columns = 11,
            rows = 1,
            offsetBetweenColumns = 0,
            offsetBetweenRows = 0
        )
        walkSprite = sprite(walkAnimation) {
            spriteDisplayTime = 0.1.seconds
        }
    }
}
```

載入跳的圖片

再來我們要對外星人多加一個跳耀動作，做到跳的動作基本上只要一張圖就能做效果，當然你也可以有多一兩張的圖片做起來更生動囉。就在 Allen.kt 的 load() 部分我就會在多一張 jump 的圖片，跳跳跳（如圖 3.4-2）！

圖 3.4-2　外星人跳的動作

Alien.kt

```
lateinit var jumpBitmap: Bitmap
suspend fun load() {
    jumpBitmap = resourcesVfs["green_alien_jump.png"].readBitmap()
}
```

圖片跟動畫載入完了，接下來加上外星人的走路跟跳耀動作，walk() 跟 jump()。

走路動作

狀態會變為 WALK，然後 walk 的播放速度就是 0.1 秒換下一張，然後直接重複播放。

Alien.kt

```
fun walk() {
    status = STATUS.WALK
    sprite = sprite(walkAnimation) {
            spriteDisplayTime = 0.1.seconds
        }.apply {
            playAnimationLooped()
    }
}
```

跳躍動作

跳躍需要不是正在跳也不是在掉落的狀態，才會改變狀態成跳躍的狀態，然後 sprite 變成跳躍的圖片。

Alien.kt

```
fun jump() {
    if (status != STATUS.JUMP && status != STATUS.FALL) {
        changeStatus()// 狀態改變
        sprite = sprite(jumpBitmap)
        status = STATUS.JUMP
    }
}
```

狀態改變

因為換圖片需要先把動畫停止，跟把圖片移掉，才能更換成其他圖片顯示，沒做這個動作的時候，發現走路圖片跟跳躍圖片一直會疊加上去，所以就特別加了這段程式。

Alien.kt

```
fun changeStatus(){
    sprite.stopAnimation()
    sprite.removeFromParent()
}
```

掉落動作

當外星人跳到最高點要掉下去時，狀態改變成掉落。

Alien.kt

```
fun fall() {
    status = STATUS.FALL
}
```

狀態跟數值更新

先將外星人的 y 軸座標預設是 defaultY = 0，讓外星人才知道掉回地板的位置，而每次更新時，若在跳躍狀態會減少垂直 y 數值，直到比預設的 y 值還少 100 時會準備進到掉落狀態，而到了掉落狀態，會一直增加垂直 y 數值，直到掉回地平面上，然後回到走路狀態。

Alien.kt

```
fun update() {
    when (status) {
        STATUS.JUMP -> {
            y = y - 4
            if (y <= defaultY - 100) {
                fall()
```

```
                }
            }
            STATUS.FALL -> {
                y = y + 6
                if (y >= defaultY) {
                    changeStatus()
                    walk()
                }
            }
        }
}
```

角色加入場景中

前一小節練習寫好的背景跟物件已經加入到 GamePlay 的場景了，現在外星人角色的物件也已經定義好，也要一起加進來。這裡鴨鴨助教把外星人的位置加到相對於地板的物件上，這樣就不用特別計算外星人在遊戲畫面上的座標位置，接著再把外星人放在離左邊畫面的一個單位位置，看起來比較順眼，把外星人加入場景後也能直接呼叫走路 walk() 動作了（如圖 3.4-3）。

GamePlay.kt

```
override suspend fun Container.sceneInit() {

        // 加入遊戲背景
        addChild(Background().apply { load() })

        val parentView = this
        // 物件管理
        ItemManager.run {
            init()// 初始所有遊戲物件
            load(parentView)// 將物件加入 GamePlay 場景
        }
```

```
            // 加入外星人
            alien = Alien()
            alien.apply {
                load()// 載入圖片跟動畫
                parentView.addChild(this)// 外星人加入 GamePlay 場景
                alignBottomToTopOf(ItemManager.BASE_FLOOR!!)// 放在地平線上
                x = Item.BASE_WIDTH * 1//x 座標位置
                defaultY = alien.y// 外星人初始高度
                walk()// 開始走路
            }
        }
}
```

圖 3.4-3　外星人加入到遊戲場景

偵測外星人跳躍

在場景 Container 的 SceneMain() 內加上「空白鍵盤」的偵測，「空白鍵盤」按下去後會呼叫外星人的 alien.jump() 跳躍動作，當外星人的狀態改變時，就需要呼叫 alien.update() 來更新，所以遊戲場景勢必也需要有個持續更新這些物件狀態的程式，也就是 addUpdater()。

GamePlay.kt

```
override suspend fun Container.sceneMain() {
    keys {// 偵測鍵盤事件
        down(Key.SPACE) {
            alien.jump()
        }
    }
    addUpdater(fun Container.(it: TimeSpan) {// 更新遊戲物件狀態
        alien.update()// 外星人狀態更新
    })
}
```

最後要有跑酷的效果（可能有人要吐槽是走酷，因為外星人的素材只有走路…），只要把金幣跟地板還有敵人 move() 也放到 addUpdater，遊戲畫面就會一起動起來了！

```
addUpdater {
    ItemManager.move()// 金幣、敵人、地板都放在這裡管理，所以一起移動
    alien.update()// 外星人狀態更新
}
```

執行程式的結果，外星人又走又跳囉（如圖 3.4-4，圖 3.4-5）！

圖 3.4-4　外星人往前走路

圖 3.4-5 外星人跳躍

基本上遊戲的玩法已經寫五成左右了，但是大家一定還覺得上面兩張 Demo 圖哪裡怪怪的！？沒錯，首先是怎麼地板後來就沒有東西了，出現黑色的底圖，而這個問題其實很好解決，主要是我們畫面一開始設計是 X 軸 14 個單位，關卡設計的內容也只設定了 14 個數值，只要在擴充更多個關卡內容就能補齊，這邊就交給各位去練習。但是有人還繼續問鴨鴨助教，為什麼吃到金幣怎麼沒有消失呢？碰到敵人也沒消失？還有沒有記到外星人的吃的金幣數等等資訊！別急別急，接下來就會開始介紹遊戲畫面上的 UI 顯示資訊跟怎麼處理角色跟物件接觸的情況了，繼續看下去。

跟著鴨鴨助教一起練習

增加關卡的長度

鴨鴨助教提示：增加在 stageValue 的內容，讓遊戲顯示的畫面在開始移動後持續更多遊戲物件產生。

3.5 GamePlay 設計 -UI 介面

上一回我們已經幾乎算是可以開始操控外星人來玩遊戲了，但是還是有一些細節還沒有做完，像是看外星人的頭上有一大片的空間，可以回頭看（3.2 小節）我們分配遊戲畫面的介紹（如圖 3.5-1）。

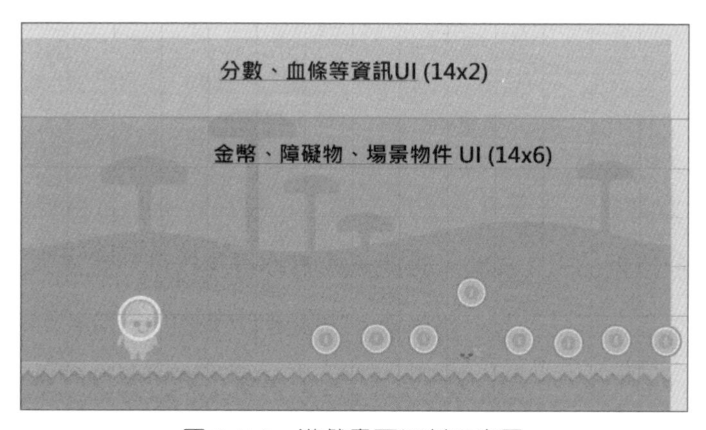

圖 3.5-1　遊戲畫面切割示意圖

我們就利用這 (14x2) 來放置遊戲時的狀態跟資訊，像是角色獲得的分數跟目前的血條還有一些額外的想提供給玩家的資訊。

遊戲規則

遊戲資訊 UI 的呈現跟我們遊戲設定的規則息息相關，因此必須先定義遊戲的規則，才能設計出 UI 畫面。這裡鴨鴨助教就先簡單地列出遊戲的規則設定：

遊戲規則
吃到金幣就得到 1 分。
外星人有 5 滴血。碰到障礙物跟敵人會扣 1 滴血。
一回合的時間限制是 1 分鐘的秒數倒數計時，時間到期外星人血滴大於 0 就算闖關成功。
外星人扣完 5 滴血就是闖關失敗。

表 3.5-1　遊戲規則

血條 UI

清楚規則後，我們就能開始來設計遊戲的 UI 了，首先我們先從外星人的血條著手吧。

Blood.kt

血條也是要加在 GamePlay 的 Scene，所以也是繼承 Container，然後 defaultX、defaultY 是設定血條的座標位置，count=5 表示有五個單位的血包。會有一個 hearts = arrayListOf<Image>() 的 Image 陣列來存放表示血量的圖片，有被扣血的 imageHeartEmpty 跟滿血狀態的 imageHeartFull 的 Bitamp。因為規則是 5 滴血，所最大值 maxValue=5，而一開始遊戲的外星人血量初始值 initValue=5，nowValue 當然也是 5 囉。

```
class Blood : Container() {

    val count = 5
    val defaultX = Item.BASE_WIDTH
    val defaultY = Item.BASE_HEIGHT / 2
    var hearts = arrayListOf<Image>()
    lateinit var imageHeartEmpty: Bitmap
```

```
    lateinit var imageHeartFull: Bitmap

    val maxValue = 5
    val initValue = 5
    var nowValue = initValue

    suspend fun load() {}
    fun initPosition() {}
    fun plus() {}
    fun minus() {}
    fun full() {}
    fun empty() {}
    fun update() {}
}
```

Blood.kt 的 load 動作就是在載入所需圖片，預設都給滿血圖片。

```
suspend fun load() {
    imageHeartEmpty = resourcesVfs["hud_heartEmpty.png"].readBitmap()
    imageHeartFull = resourcesVfs["hud_heartFull.png"].readBitmap()
    for (i in 0 until count) {
        val heart = image(imageHeartFull)
        hearts.add(heart)
    }
}
```

然後要把血條放在遊戲畫面上方的位置，我們在 hearts[0] 第一張放在預設的 defaultX、defaultY，剩下的就是參考前一張的位置用 alignLeftToRightOf 跟 alignTopToTopOf 對準前一張的 Top 跟接續著前一張的 Right 就可以了。

```
fun initPosition() {
    hearts.forEachIndexed { index, image ->
        image.apply {
            if (index == 0) {
```

```
                position(defaultX, defaultY)
            } else {
                alignLeftToRightOf(hearts[index - 1])
                alignTopToTopOf(hearts[index - 1])
            }
        }
    }
}
```

血條的增加、減少、重置，當外星人吃到血包血條增加，碰到障礙物血條減少或是吃到滿血血包血條重置，掉到洞裡或碰到必死物件血條直接歸0。這些狀態就會呼叫 plus()、minus()、empty()、full()。

```
fun plus(){
    if(nowValue < maxValue){
        nowValue ++
    }
}

fun minus(){
    if(nowValue > 0) {
        nowValue--
    }
}

fun empty(){
    nowValue = 0
}

fun full(){
    nowValue = maxValue
}
```

血條的更新檢查 fun update()，之後也會放在 GamePlay 的 addUpdater 裡，以便隨時更新血條資訊。

```
fun update() {
    for (i in 0 until count) {
        if (i < nowValue) {
            hearts[i].bitmap = imageHeartFull.slice()
        } else {
            hearts[i].bitmap = imageHeartEmpty.slice()
        }
    }
}
```

試著加到 GamePlay.kt 執行後就多出五個愛心血包（如圖 3.5-2）！

圖 3.5-2　血條 UI 加入遊戲場景

分數 UI

分數的話就要將數字圖片 0 到 9 的單張圖片（如圖 3.5-3）去做 Sprite Sheet，這樣程式比較方便去取用。（忘記怎麼做 Sprite Sheet 可以回頭去看（2.8 小節）介紹用 Texture Packer 去做唷）。

0123456789

圖 3.5-3　數字的 Sprite Sheet

Score.kt

分數一樣是要加在 GamePlay.kt 的 Scene，也是繼承 Container，defaultX、defaultY 是設定分數的座標位置。count=5 表示會有一個 scores 的 Image 陣列來存放表示五位數的分數顯示，所以最多分數只會到 9999。預設遊戲的一開始當然就是從 0 分開始 initValue=0，nowValue=0。

```
class Score : Container() {
    val count = 5
    val BASE_WIDTH = 32
    val BASE_HEIGHT = 40

    val defaultX = Item.BASE_WIDTH * 6
    val defaultY = Item.BASE_HEIGHT / 2

    lateinit var scoreHead: Image
    lateinit var scoreBitmapSlice: Bitmap
    var scores = arrayListOf<Image>()
    val maxValue = 9999
    val initValue = 0
    var nowValue = initValue

    suspend fun load() {}

    private fun loadNumber(value: Int): Bitmap {}

    fun initPosition() {}
    fun plus(){}
    fun update() {}
}
```

load() 動作就是在載入金幣圖案跟數字圖案，然後五位數的圖片都預設給 0。

```
suspend fun load() {
    scoreHead = image(resourcesVfs["hud_coins.png"].readBitmap())
    scoreBitmapSlice = resourcesVfs["numbers.png"].readBitmap()
    for (i in 0 until count) {
        scores.add(image(loadNumber(0)))
    }
}
```

loadNumber() 的函式比較特別，因為 numbers.png 是 0~9 的數字，長寬總共 320x40，一張圖片單位就是 32x40，所以就依據傳入的 value 並用 extract(x, y, width, height) 這個方法來切圖得到對應的圖片。

```
private fun loadNumber(value: Int): Bitmap {
    return scoreBitmapSlice.extract(value * BASE_WIDTH, 0, BASE_WIDTH,
                                                        BASE_HEIGHT)
}
```

initPosition() 就是放置金幣的圖案跟分數的位置囉，注意 scoreHead 跟 scores 的圖案大小不一樣大，scores 的圖案比較小，所以在第一張分數圖，會去把位置放在金幣圖案的中間，在用 alignLeftToRightOf 去放在金幣的右手邊，然後 x = x + BASE_WIDTH / 2 位置加一點空間有點空隙不要擠在一起。

```
fun initPosition() {
    scoreHead.position(defaultX, defaultY)

    scores.forEachIndexed { index, image ->
        image.apply {
            if (index == 0) {
```

```
                centerOn(scoreHead)
                alignLeftToRightOf(scoreHead)
                x += BASE_WIDTH / 2
            } else {
                alignLeftToRightOf(scores[index - 1])
                alignTopToTopOf(scores[index - 1])
            }
        }
    }
}
```

金幣目前只有增加的規則，所以只有 plus() 來表示吃到金幣加 1 分。

```
fun plus(){
    if(nowValue < maxValue){
        nowValue ++
    }
}
```

分數的更新 update() 一樣會放在 GamePlay 的 addUpdater 裡，以便隨時更新得分資訊。

```
fun update() {
    scores[0].bitmap = loadNumber((nowValue / 10000)).slice()
    scores[1].bitmap = loadNumber((nowValue % 10000 / 1000)).slice()
    scores[2].bitmap = loadNumber((nowValue % 1000) / 100).slice()
    scores[3].bitmap = loadNumber((nowValue % 100) / 10).slice()
    scores[4].bitmap = loadNumber((nowValue % 10)).slice()
}
```

試著加到 GamePlay 執行後就多出分數的資訊了（如圖 3.5-4）！

圖 3.5-4　分數 UI 加入遊戲場景

倒數計時 UI

終於要介紹到最後一個 UI 了，其實做法跟分數很像，只是我們目前只限制只有一分鐘，也就是 60 秒，所以我們的顯示只有兩位數，也會用到 numbers.png 這個 0~9 的圖片。

GameTimer.kt

只有兩個位數的圖所以 count=2，timers 就是放這兩張圖的陣列，timerHead 就是代表計時的圖片，初始值 initTime=60，因為一開始由 60 秒開始倒數！

這次的圖片的 load() 和 initPosition() 的寫法跟 Score.kt 很像，比較不同的是 loadScore() 函式是會根據傳進來的數值來去找 0~9 的圖片去切片出來，回傳需要顯示的數字圖片，然後倒數計時會有開始結束的狀態，因此程式裡多一個 isStop 的 Boolean 變數來判斷。

```
class GameTimer : Container() {

    val BASE_WIDTH = 32
    val BASE_HEIGHT = 40
    val defaultX = Item.BASE_WIDTH * 10
    val defaultY = Item.BASE_HEIGHT / 2

    lateinit var timerHead: Image
    lateinit var timerBitmapSlice: Bitmap
    var timers = arrayListOf<Image>()
    val initTime = 60
    var totalTime = initTime
    var isStop = true

    suspend fun load() {
        timerHead = image(resourcesVfs["clock.png"].readBitmap())
        timerBitmapSlice = resourcesVfs["numbers.png"].readBitmap()
        timers.add(image(loadScore(initTime/10)))
        timers.add(image(loadScore(0)))
    }

    private fun loadScore(value: Int): Bitmap {
        return timerBitmapSlice.extract(value * BASE_WIDTH, 0, BASE_
                                              WIDTH, BASE_HEIGHT)
    }

    fun initPosition() {
        timerHead.position(defaultX, defaultY)

        timers.forEachIndexed { index, image ->
            image.apply {
                if (index == 0) {
                    centerOn(timerHead)
                    alignLeftToRightOf(timerHead)
                    x += BASE_WIDTH / 2
                } else {
                    alignLeftToRightOf(timers[index - 1])
```

```
                    alignTopToTopOf(timers[index - 1])
                }
            }
        }
    }

    fun minus(){
        if(totalTime != 0 && !isStop){
            totalTime -=1
        }
    }

    fun start(){
        isStop = false
    }

    fun stop(){
        isStop = true
    }

    fun update() {
        timers[0].bitmap = loadScore((totalTime / 10)).slice()
        timers[1].bitmap = loadScore((totalTime % 10)).slice()
    }
}
```

最後 GameTimer 更新狀態 update() 的程式內容就是把目前時間的十位數跟個位數算出來，最後放到 GamePlay.kt 的 addUpdater 裡更新。

```
fun update() {
    timers[0].bitmap = loadScore((totalTime / 10)).slice()
    timers[1].bitmap = loadScore((totalTime % 10)).slice()
}
```

整合在一起

再回到 GamePlay.kt，把血條、分數跟倒數計時的三個 UI 放在 sceneInit() 的內容，跟遊戲物件還有外星人角色的程式碼全部整合在一起。

GamePlay.kt

```
class GamePlay : Scene() {

    lateinit var alien: Alien
    lateinit var blood: Blood
    lateinit var score: Score
    lateinit var gameTimer: GameTimer

    override suspend fun Container.sceneInit() {

        val parentView = this

        // 加入遊戲背景
        addChild(Background().apply { load() })

        // 加入血條
        blood = Blood().apply {
            load()
            parentView.addChild(this)
            initPosition()

        }
        // 加入分數
        score = Score().apply {
            load()
            parentView.addChild(this)
            initPosition()
        }
        // 加入倒數計時
        gameTimer = GameTimer().apply {
```

```
            load()
            parentView.addChild(this)
            initPosition()
        }

        // 物件管理
        ItemManager.run {
            init() // 初始所有遊戲物件
            load(parentView) // 將物件加入 GamePlay 場景
        }

        // 加入外星人
        alien = Alien()
        alien.apply {
            load()
            parentView.addChild(this)
            alignBottomToTopOf(ItemManager.BASE_FLOOR!!)
            x = Item.BASE_WIDTH * 1
            defaultY = alien.y
            walk() // 外星人走路
        }
    }
}
```

然後 Container.sceneMain() 多加 gameTimer.minus() 表示要每秒做倒數，所以必須放在更新固定頻率的 addFixedUpdater(1.seconds){}。

```
addFixedUpdater(1.seconds){
    gameTimer.minus()
}
```

addUpdater{} 就放血條、分數、跟倒數計時的更新就行了。

```
addUpdater {
    background.move()
    ItemManager.move()
    alien.update()
    blood.update()
    score.update()
    gameTimer.update()
}
```

最後在這些更新狀態都準備好後，倒數計時就能開始 Start 了！

```
// 倒數計時開始
gameTimer.start()
```

這回的在遊戲上方的 UI 資訊的成果就出爐囉（如圖 3.5-5）！

圖 3.5-5　倒數計時 UI 加入遊戲場景

執行程式後目前只有計時器的數字有在減少，不過沒關係，因為我們下一小節才會學到外星人吃金幣跟碰到敵人和障礙物的程式實作，也就是會介紹 KorGE 的碰撞偵測，偵測到得分跟受傷的狀態後，才有辦法對遊戲的 UI 做變化，所以跟著鴨鴨助教繼續往下看吧。

3.6 GamePlay 設計 - 碰撞偵測

終於要介紹這次小遊戲的主要核心部分，就是遊戲中的角色跟場景裡的障礙物還有敵人的互動了！

碰撞偵測

在 KorGE 要實現兩個物體間的碰撞其實非常非常的簡單，因為 KorGE 在 View 的物件都有實現 collidesWith() 這個方法。只要把要偵測的物件填入，然後就會告訴你是否兩個物件接觸了。

```
fun View.collidesWith(other: View, kind: CollisionKind =
CollisionKind.GLOBAL_RECT): Boolean {
    return collisionContext.collidesWith(this, other, kind)
}
```

如果要一次偵測多個物件不用一個一個判斷，也能傳入 List。

```
fun View.collidesWith(otherList: List<View>, kind: CollisionKind =
CollisionKind.GLOBAL_RECT): Boolean {
    val ctx = collisionContext
    otherList.fastForEach { other ->
        if (ctx.collidesWith(this, other, kind)) return true
    }
    return false
}
```

這時你可以另外用 collidesWithShape()，自己去指定要偵測的範圍，可以看到 CollisionKind 的參數，從 CollisionKind.GLOBAL_RECT 換成 CollisionKind.SHAPE 了。

```
fun View.collidesWithShape(other: View): Boolean =
                              collidesWith(other, CollisionKind.SHAPE)
fun View.collidesWithShape(otherList: List): Boolean =
                          collidesWith(otherList, CollisionKind.SHAPE)
```

不過用 collidesWithShape 的話，你的 View 就要額外寫 hitShape 來定義你的偵測範圍囉。接下來就用我們的障礙物石頭來示範碰撞偵測的功能。

Obstacle.kt

```
class Obstacle : Item() {
    override suspend fun load() {
        val bitamp = resourcesVfs["rock.png"].readBitmap()
        solidRect(bitamp.width, bitamp.height, Colors.BLUE).xy(0.0, 0.0)
        mImage = image(bitamp)
        hitShape {
            rect(0.0, 0.0, bitamp.width.toDouble(), bitamp.height.toDouble())
        }
    }
}
```

障礙物石頭物件呼叫 load() 時會載入 rock.png 這張石頭的圖片（如圖 3.6-1），如果你有看原始檔案會發現其實這張圖並沒有去背，所以原始大小是 70x70。

圖 3.6-1　障礙物石頭的原始檔案

因此鴨鴨助教在 load() 裡頭寫了一個協助我 Debug 的 solideRect 來幫助我了解目前這張圖片實際的會被偵測到的碰撞範圍（如圖 3.6-2）。

```
solidRect(bitamp.width, bitamp.height, Colors.BLUE).xy(0.0, 0.0)
```

圖 3.6-2　障礙物石頭加上 debug 偵測碰撞範圍

可以發現如果直接沿用原始圖檔的高度，根本就不是石頭的可見範圍，外星人怎麼樣跳躍基本上都一定會被誤判被撞到，所以這時候就試著調整大概只有一半石頭的高度來看看（如圖 3.6-3）。

```
solidRect(bitamp.width, bitamp.height/2, Colors.BLUE).xy(0.0,
                                    bitamp.height.toDouble()/2)
```

圖 3.6-3　縮小障礙物石頭的碰撞範圍

當確定藍色的 debug 偵測範圍確定後，你就能再把 hitShape 改成你最後決定的偵測範圍。這樣就會是外星人跟障礙物石頭偵測碰撞的範圍了。

```
hitShape {
    rect(0.0, bitamp.height.toDouble()/2, bitamp.width.toDouble(),
                                          bitamp.height.toDouble()/2)
}
```

不過通常我會再把石頭的偵測範圍再縮小一些，因為實際在玩的時候，其實石頭是不規則的形狀，看藍色 debug 矩形還是有一些地方其實根本還是在石頭外，外星人在起跳後可能還是會碰到，但是玩家的視覺上根本就沒有碰到，這樣還是會照成誤判，可能比較好的做法是能依據石頭的形狀去偵測（只是鴨鴨助教暫時還沒找出這樣的解法），但比較簡單的做法就是縮小偵測範圍了，所以多加了一些 Offset 偏移數值來調整碰撞區域。

```
class Obstacle : Item() {

    val offsetX = 25.0// 寬度的偏移數值
    val offsetY = 20.0// 高度的偏移數值

    override suspend fun load() {
        val bitamp = resourcesVfs["rock.png"].readBitmap()
        image(bitamp)
        solidRect(bitamp.width - offsetX, (bitamp.height + offsetY)
    / 2, Colors.BLUE).xy(offsetX / 2, (bitamp.height + offsetY) / 2)
        hitShape {
            rect(offsetX / 2, (bitamp.height + offsetY) / 2, bitamp.
                        width - offsetX, (bitamp.height + offsetY) / 2)
        }
    }
}
```

至於另一個要碰撞偵測的遊戲物件就是金幣跟敵人了，不過金幣基本上沒有像石頭一樣有太多的去背，所以就不用特別要加上 hitShape 去偵測範圍了，而這裡鴨鴨助教先提供做出來的效果 Demo 圖（如圖 3.6-4），這兩個的程式碼的實作就交給各位練習（還是不會的能去看附錄鴨鴨助教附上的程式碼囉）。

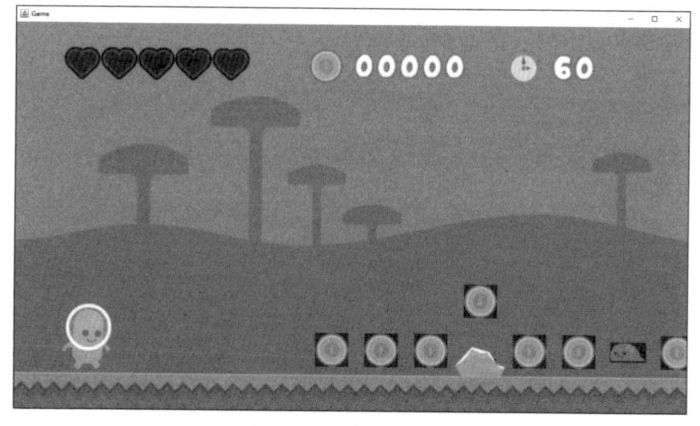

圖 3.6-4　金幣跟敵人物件加入碰撞範圍

跟著鴨鴨助教一起練習

把金幣 Coin.kt 跟敵人 Enemy.kt 加上碰撞偵測

試著參考障礙物 Obstacle.kt 的碰撞偵測程式，幫金幣跟敵人也加上碰撞偵測。

碰撞處理

接下來要處理外星人碰到金幣跟障礙物和敵人的動作了，外星人碰到金幣理所當然就是金幣的 UI 要加 1，所以會呼叫在（3.5 小節）做好的「分數 UI」Score.kt 的 plus()，而如果是碰到障礙物或是敵人，則是要呼叫「血條 UI」Blood.kt 的 minsu() 表示被扣血了。而外星人的部分，因為碰撞到了敵人跟障礙物，當然會要有一點痛苦的表情，所以會在 Alien.kt 裡頭放入受傷來表現（如圖 3.6-5）。

圖 3.6-5　外星人受傷圖片

Alien.kt

雖然痛苦的表情只有一張，但是我還是選擇用 SpriteAnimation 來做。

```
lateinit var hurtAnimation: SpriteAnimation
suspend fun load() {
    spriteMap = resourcesVfs["green_alien_hurt.png"].readBitmap()
    hurtAnimation = SpriteAnimation(spriteMap = spriteMap, spriteWidth
                                            = 69, spriteHeight = 92)
}
```

不用單張圖片，而是選擇用 SpriteAnimation 主要是因為他可以控制播放圖片的秒數，播放完後，我就能再繼續受傷前的狀態，例如受傷前是走路，播完受傷畫面後就回到走路，上一次是跳躍或降落時的狀態就持續下去，看起來會比較自然。受傷 hurt() 實作的程式碼如下：

```
var lastSTATUS = status// 前一次角色的狀態
fun hurt(): Boolean {
    if (status == STATUS.HURT) {// 若已經是受傷狀態，就不用再做
        return false
    } else {
        changeStatus()
        sprite = sprite(hurtAnimation) {
            spriteDisplayTime = 0.3.seconds// 播放 0.3 秒
        }.apply {
            playAnimation(1)
            onAnimationCompleted {// 動畫結束回到前一狀態
                status = lastSTATUS
                if (status == STATUS.WALK) {
                    walk()
                }
            }
        }
        lastSTATUS = status// 儲存上次狀態
        status = STATUS.HURT// 將狀態設為受傷
        return true
    }
}
```

受傷時通常也會角色閃爍來表現，所以在 update 裡頭我們多加了受傷狀態，圖片會從 aplha=1 減少到 0.5 再加回 1 的方式，來做出閃爍效果。

```
fun update() {
    when (status) {
        STATUS.HURT -> {
```

```
            if (sprite.alpha > 0) {
                sprite.alpha -= 0.1
            } else if (sprite.alpha <= 0.5) {
                sprite.alpha = 1.0
            }
        }
    }
}
```

設定碰撞

我們已經幫障礙物還有敵人都加了 hitShape 了，就剩下幫它們一起加上碰撞偵測 collidesWithShape()，而外星人的碰撞偵測部分就是加上 ItemManager.scoreItem（得分物件的 List）跟 ItemManager.hurtItem（傷害物件的 List）。

GamePlay.kt

```
// 設定外星人偵測到碰撞行為
alien.addUpdater {
    if(collidesWithShape(ItemManager.scoreItem)){
        score.plus()// 分數加 1
    }
    if(collidesWithShape(ItemManager.hurtItem)){
        if(hurt()) {
            blood.minus()// 血包減 1
        }
    }
}
// 設定遊戲物件偵測到碰撞行為
ItemManager.setCollision(alien, this)
```

障礙物跟敵人還有金幣都統一在 ItemManager.kt 控管，所以當外星人在 GamePlay.kt 設定完碰撞偵測後，遊戲的物件也需要額外用個 setCollision() 函式來進行碰撞偵測的處理：

ItemManager.kt

```
fun setCollision(alien: Alien, parentView: Container) {
    items.forEach {
        when (it) {
            is Coin -> {
                it.addUpdater {
                    if (collidesWith(alien.sprite)) {
                        parentView.removeChild(this)
                    }
                }
            }
            is Enemy, is Obstacle -> {
                it.addUpdater {
                    if (collidesWithShape(alien.sprite)) {
                        hurtItem.remove(this)
                    }
                }
            }
        }
    }
}
```

若偵測到類型是 Coin，物件碰到外星人後其實就是吃掉，就會消失在遊戲畫面上，因此會呼叫 parentView.removeChild(this)。

```
is Coin -> {
    it.addUpdater {
        if (collidesWith(alien.sprite)) {
            parentView.removeChild(this)
        }
    }
}
```

偵測到類型是 Enemy 敵人跟 Obstacle 障礙物的時候，反而物件是不會消失在畫面，因此只要從 ItemManager.hurtItem（傷害物件的 List）移除，所以呼叫 hurtItem.remove(this) 就可以避免一直偵測被扣血包。

```
is Enemy, is Obstacle -> {
    it.addUpdater {
        if (collidesWithShape(alien.sprite)) {
            hurtItem.remove(this)
        }
    }
}
```

實際執行起來玩玩看！外星人已經吃金幣有分數囉！而且金幣也會消失在畫面，碰到障礙物也會被扣一個血包，外星人也露出痛苦表情並有閃爍的特效（如圖 3.6-6）！

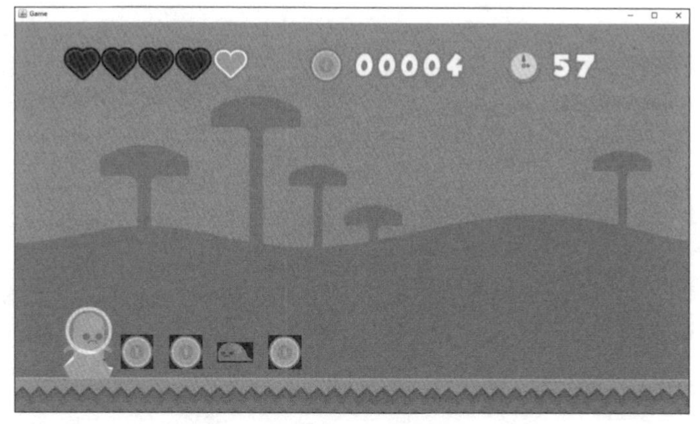

圖 3.6-6　外星人吃金幣得分跟碰到石頭傷害扣血條

鴨鴨助教已經幾乎把所有遊戲的核心 GamePlay 介紹給大家並實作出來了，剩下的怎麼去編輯關卡的難易度跟關卡的長度都是各位可以試著去動手調整看看的，接下來的篇章會先把開頭的 Splash 跟 Menu 內容補齊，還有 GameOver 跟 Rank 畫面補齊，這樣差不多就是一個單機的小遊戲囉。

參考連結

- https://korlibs.soywiz.com/korge/reference/physics/

3.7 Splash 設計 - 進版畫面

在（3.2 至 3.5 小節）內容比較著重在 GamePaly 畫面的設計，主要這部分是遊戲的核心，而各位在這幾個小節累積 KorGE 的練習就足以應付大部分的小遊戲設計囉！但是鴨鴨助教還是必須要把剩下的畫面建構起來，才能稱得上是個完整的遊戲，所以就從遊戲的一開頭進版畫面繼續下去了。

遊戲的門面

如果大家對（3.1 小節）遊戲背景的製作有印象的話，我們選用了一張具有冒險動作遊戲氣氛的圖片（如圖 3.7-1），所以只要在 Splash.kt 裡修改載入的圖片，就能完成進版畫面了！

圖 3.7-1　進版畫面示意圖

因為鴨鴨助教選用的開源圖片的作者允許修改原圖，因此這裡我就介紹用一款「GIMP 免費影像處理軟體（下載位置 https://www.gimp.org/）」（如圖 3.7-2）。

圖 3.7-2　GIMP 影像處理軟體

試著把左下角的「KENNY」大字 LOGO 去掉，加一個鴨鴨助教為這個小遊戲取名的 LOGO 為「ALIEN RUN」，並將檔案存到專案的「/resources/splash_bg.png」。在自製小遊戲通常沒有美術支援，身為工程師出身的鴨鴨助教只能先用不專業的土炮作法（若有美術朋友快去求救或是有讀者贊助幫忙 P 好看的 LOGO）。

改好後，一樣把 Splash.kt 的程式全部改寫，拿鴨鴨助教在第二章教過的的場景切換、圖片跟文字處理，還有再加上讓文字移動的特效動畫，就能完成新的 Splash 進版畫面了（如圖 3.7-3）。

Splash.kt

```
class Splash : Scene() {

    override suspend fun Container.sceneInit() {

        val screenWidth = ConfigModule.size.width.toDouble()
        val screenHeight = ConfigModule.size.height.toDouble()

        image(resourcesVfs["splash.png"].readBitmap()) {
            anchor(0.5, 0.5)
            scaledWidth = screenWidth
            scaledHeight = screenHeight
            position(scaledWidth/2, scaledHeight/2)
        }
```

```
        val bitmap = NativeImage(width = 200, height = 100).apply {
            getContext2d().fillText(
                text = "Tap to Start",
                x = 0,
                y = 30,
                font = resourcesVfs["NotoSans-Black.ttf"].readTtfFont(),
                fontSize = 30.0,
                color = Colors.BLUE
            )
        }

        var moveHeight = screenHeight - screenHeight / 4
        // 畫面的四分之三的高度

        val tapString = image(bitmap) {
            position((screenWidth - scaledWidth) / 2 + 200 , 0.0)
            // 字串座標
            onClick {
                launchImmediately { sceneContainer.changeTo<Menu>()
                                                   } // 進到 Menu 畫面的觸發按鈕


            }
        }

        tapString.addFixedUpdater(100.milliseconds){
            tapString.alpha -= 0.1// 字串減少 alpha 值 0.1
            if(tapString.alpha <= 0){
                tapString.alpha = 1.0
            }
            if(tapString.y < moveHeight){
                tapString.y += 20// 座標 y 值增加 20
            }
        }
    }
}
```

圖 3.7-3　新的自製進版畫面

3.8 Menu 設計 - 遊戲大廳

進版畫面完成後，按下「Tap to Start」就會進到 Menu 選單畫面，因為前面開啟了 Splash 遊戲的大門，接著要踏進的地方就是遊戲的大廳囉。

遊戲大廳

這時身為遊戲大腦擔當的鴨鴨助教，想要有點小巧思來設計一下外星人在遊戲大廳的行為，當點擊外星人的身體時，外星人會開始原地走路，然後在畫面空白區會有外星人頭像出現，旁邊有一個「GO」的按鈕，按下後外星人就會往右走進入 GamePlay 遊戲畫面，想像完後的畫面大致會是如下（圖 3.8-1）：

圖 3.8-1　自製遊戲大廳畫面

想像完後，就是要開始準備程式設計需要的圖源（這些圖檔都是在 KENNY 的開放圖源都找得到喔）（圖 3.8-2、圖 3.8-3、圖 3.8-4、圖 3.8-5、圖 3.8-6）：

圖 3.8-2　五隻外星人站立圖

圖 3.8-3　長頭外星人動作圖

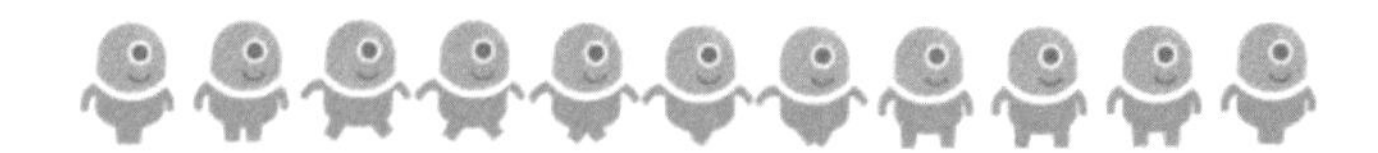

圖 3.8-4　單眼短身外星人動作圖

墨鏡跟雙眼短身的外星人走路的免費素材只有兩張，但也只能加減使用了。

圖 3.8-5 墨鏡外星人動作圖　　圖 3.8-6 雙眼短身外星人動作圖

Alien.kt

加入角色的 enum class。

```
enum class CHARACTER {
    GREEN,// 主角外星人（原圖是綠色）
    PURPLE,// 長頭外星人（原圖是藍紫色）
    PINK,// 單眼短身外星人（原圖是粉紅色）
    BEIGE,// 墨鏡外星人（原圖是米色）
    YELLOW// 雙眼短身外星人（原圖是黃色）
}
```

本來 Alien.kt 裡的 fun load() 只有載入一開始的主角外星人，這時我們根據 enum class 來針對不同的外星人載入其對應的圖片跟設定數值，這樣就能在遊戲大廳選好要進行闖關的外星人，呈現選取到的外星人模樣。例如你選了單眼短身的外星人，就傳入 CHARACTER.PINK。

```
var alienWalkCount = 11  //走路的圖片數
var alienWalkSpeed = 0.1 //每張走路圖片的播放秒數
suspend fun load(index:CHARACTER) {
    when(index){
        CHARACTER.GREEN->{
            //主角外星人
        }
        CHARACTER.PURPLE->{
            //長頭外星人
        }
        CHARACTER.PINK->{
            //單眼短身外星人
            alienWalkCount = 11
            alienWalkSpeed = 0.1
            headBitmap = resourcesVfs["pink_alien_head.png"].readBitmap()
            standBitmap = resourcesVfs["pink_alien_stand.png"].readBitmap()
            spriteMap = resourcesVfs["pink_alien_walk.png"].readBitmap()
            hurtBitmap = resourcesVfs["pink_alien_hurt.png"].readBitmap()
            jumpBitmap = resourcesVfs["pink_alien_jump.png"].readBitmap()
        }
        CHARACTER.BEIGE->{
            //墨鏡外星人
        }
        CHARACTER.YELLOW->{
            //雙眼短身外星人
        }
    }
```

而原本寫好的走路跟受傷的 SpriteAnimation 也可以改成比較彈性的寫法，已經不用去指定某隻外星人的寬跟高，只要依讀取圖片的 bitmap 寬高來程式自動判斷決定。然後在預設顯示外星人的圖片就是站立的圖。

```
hurtAnimation = SpriteAnimation(spriteMap = hurtBitmap, spriteWidth
              = hurtBitmap.width, spriteHeight = hurtBitmap.height)
walkAnimation = SpriteAnimation(
```

```
    spriteMap = spriteMap,
    spriteWidth = spriteMap.width/alienWalkCount,
    spriteHeight = spriteMap.height,
    marginTop = 0,
    marginLeft = 0,
    columns = alienWalkCount,
    rows = 1,
    offsetBetweenColumns = 0,
    offsetBetweenRows = 0
)
sprite = sprite(standBitmap)
```

最後為了要做到第一個點擊外星人播放走路，接著點其他外星人也要走路，那先點到的外星人就要停止變回站立動作，所以外星人多了一個 fun stop() 函式，呼叫後把外星人的狀態改為 status = STATUS.STAND。

```
fun stop(){
    changeStatus()
    status = STATUS.STAND
    sprite = sprite(standBitmap)
}
```

Menu.kt

外星人的程式碼改寫好後，就到 Menu.kt 去放置背景圖以及一個提示玩家選擇外星人的字串「Choose An Alien to GO」，這部分幾乎跟 Splash.kt 的背景圖「Tap to Start」做法是一樣的。

```
val parentView = this
val screenWidth = ConfigModule.size.width.toDouble()
val screenHeight = ConfigModule.size.height.toDouble()
```

```
//載入選單背景
image(resourcesVfs["menu.png"].readBitmap()) {
    anchor(0.5, 0.5)
    scaledWidth = screenWidth
    scaledHeight = screenHeight
    position(scaledWidth / 2, scaledHeight / 2)
}
//放入提示選外星人的文字
val showString = "Choose An Alien to GO"
val fontSize = 40.0
val bitmap = NativeImage(width = 500, height = 100).apply {
    getContext2d().fillText(
        text = showString,
        x = 0,
        y = 40,
        font = resourcesVfs["NotoSans-Black.ttf"].readTtfFont(),
        fontSize = fontSize,
        color = Colors.BLUE)
}
val tapString = image(bitmap) {
    position((screenWidth-bitmap.width) / 2 , 50.0) //字串座標
}
```

再來開始建立五隻外星人在遊戲大廳畫面上，並且在點擊 onClick 內寫下選擇外星人的判斷式，就是當想換另一個外星人闖關時，將上回選的外星人的動作先暫停，然後設計一個暫時存放的外星人變數 selectRunAlien，指定給目前點擊的外星人物件 selectRunAlien=this，然後啟動走路動作。

```
var selectRunAlien: Alien? = null//被選擇的外星人物件
//宣告五個外星人物件
val alienArray = arrayListOf<Alien>()//外星人陣列
for (i in 0 until Character.values().count()) {
    val alien = Alien().apply {
        load(Character.values()[i])
```

```
        onClick {
            selectRunAlien?.stop()// 被選到前先讓前一個被選到的停止動作
            selectRunAlien = this // 目前被選到的外星人
            walk()// 進行走的動作
        }
    }
    alienArray.add(alien)// 加入外星人陣列
}
```

把五隻外星人加到陣列後，這時因為物件加入場景會有後加的物件的圖片會蓋掉先加的物件圖片，所以必須用 alienArray.fastForEachReverse 反過來加入外星人的加入順序，這樣在最左邊的外星人要往右移動時，才不會被其他外星人蓋到。這時也會順便先統計所有外星人的寬度，再來用遊戲畫面的寬度去剪掉除以 6 個間隔，就能在畫面上平均站立。

```
// 加入場景並計算擺放間隔
var totalAlienWidth = 0.0
alienArray.fastForEachReverse {
    totalAlienWidth += it.width// 所有外星人的寬度加總
    parentView.addChild(it)     // 為了讓左邊外星人往右走時在其他外星人之上，
所以順序需要反過來加入遊戲場景
}
// 算出外星人擺放間隔
val alienSpace = (screenWidth -totalAlienWidth) / 6
```

然後只要把第一個外星人在畫面上放好位置後，接下來的外星人只要 alignBottomToBottomOf 跟 alignLeftToRightOf 用相對位置參考前一隻外星人就能排好了。

```
// 擺放外星人位置
for (i in 0 until alienArray.count()) {
    alienArray[i].apply {
        when (i) {
            0 -> {
                alignBottomToBottomOf(parentView)
                alignLeftToLeftOf(parentView)
                y -= 42
            }
            else -> {
                alignBottomToBottomOf(alienArray[i - 1])
                alignLeftToRightOf(alienArray[i - 1])
            }
        }
        x += alienSpace
    }
}
```

外星人在遊戲大廳的點擊動作按下去後，還有一個地方需要做對應的更新，就是在「Choose An Alien to GO」提示字下會顯示目前被選取外星人的小頭像，第一次還沒有被點選 selectRunAlien 會是空值 null，這時才會添加開始遊戲 goImage 的按鈕並順便加入點擊偵測 onClick{} 事件來進到遊戲的 GamePlay 畫面（反之已經點選過就會重新將 selectRunAlien 的圖案更新）。鴨鴨助教會把這些判斷程式寫在 addUpdater，原因是這樣點擊外星人時，才會跟著被選的外星人隨時更換頭像。

```
val goBitmp = resourcesVfs["go.png"].readBitmap()// 貼上開始遊戲 Go
addUpdater {
    selectRunAlien?.let {
// 建立新的被選取的外星人頭像，放在題示文字的下方
        if (selectHeadImage == null) {
            selectHeadImage = image(it.headBitmap) {
                anchor(0.5, 0.5)
```

```
            alignTopToBottomOf(tapString)
            centerXOn(parentView)
            scale = 1.5
            x -= 100
            y += 10

        }
        // 加入開始遊戲按鈕，放在題示文字的下方並放在被選取外星人頭像的右手邊
        goImage = image(goBitmp) {
            anchor(0.5, 0.5)
            alignTopToBottomOf(tapString)
            centerXOn(parentView)
            x += 50
            y -= height/4
            onClick {// 處理點擊開始遊戲按鈕的事件
                launch {
                    if (!statToGo) {
                        statToGo = true
                        delay(((Character.values().size -
                              selectRunAlien!!.character.ordinal)
                                                    * 0.5).seconds)
                        sceneContainer.changeTo<GamePlay>()
                    }
                }
            }

        }
    } else {
        // 如果選取頭像的物件已經被建立，只要更新外星人的頭像圖片即可
        selectHeadImage?.bitmap = it.headBitmap.slice()
    }
  }
}
```

為了「Go」按鈕有被選取的特效，鴨鴨助教就拿一開始在（2.1 小節）學到的搖晃圖片程式加入到 goImage 內設定。

```
// 加入開始遊戲按鈕，放在題示文字的下方並放在被選取外星人頭像的右手邊
goImage = image(goBitmp) {
// 前略…
```

```
    launch {
        while (true) {
            tween(this::rotation[ (-16).degrees], time = 100.
                               milliseconds, easing = Easing.EASE_IN_OUT)
            tween(this::rotation[ (+16).degrees], time = 100.
                               milliseconds, easing = Easing.EASE_IN_OUT)
        }
    }
}
```

當「Go」按鈕跟選取頭像都做好後，會添加一個 Boolean 變數 startToGo 來判斷是否已經開始遊戲，目的是希望在多一個生動的特效讓外星人從原地往右移動，走到右邊畫面後才換場到 GamePlay 遊戲畫面，這時只需將選到的外星人的 x 軸增加就能辦到囉（如圖 3.8-7）！

```
addUpdater {
    // 前略…
    // 若開始遊戲，外星人會往右邊開始走動
    if (statToGo) {
        it.x += 6
    }
}
```

圖 3.8-7　單眼短身外星人按下開始往右移動

衔接遊戲

Splash 跟 Menu 畫面完成，再加上 GamePlay 畫面幾乎就是衔接整個遊戲的前半段了，再接下來一篇就是把 GameOver 畫面跟 Rank 畫面補齊囉（如圖 3.8-8）！

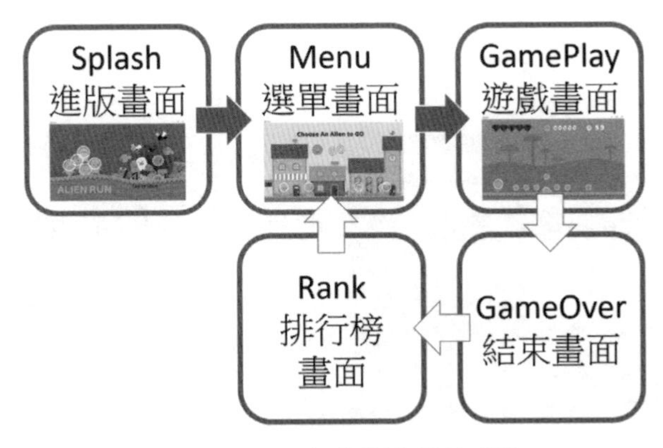

圖 3.8-8　已完成的遊戲前半段

3.9 GameOver 設計 - 遊戲結束

我們的小遊戲畫面設計已經快要接近尾聲了，也快要 GameOver 了！！（不是啦～是要來把 GameOver 畫面製作出來）。在遊戲背景清單準備時已經有草稿示意圖出來了，就是闖關失敗（如圖 3.9-1）跟成功（如圖 3.9-2）各自會有不一樣的呈現畫面。

圖 3.9-1　遊戲結束（闖關失敗）示意圖

圖 3.9-2　遊戲結束（闖關成功）示意圖

暫存資料

回過頭來說，GameOver 畫面的結果也是承接由 GamePlay 的遊戲結果，而追根溯源 GamePlay 現身闖關的外星人，就是從 Menu 遊戲大廳選擇出來的，所以這裡其實要有一個地方來記憶目前選到的外星人暫存，讓這個資料共享在不同的畫面當中。因此我在「/src/commonMain/scene」的資料夾下產生一個「SharedData」來存放這些資料（如圖 3.9-3）。

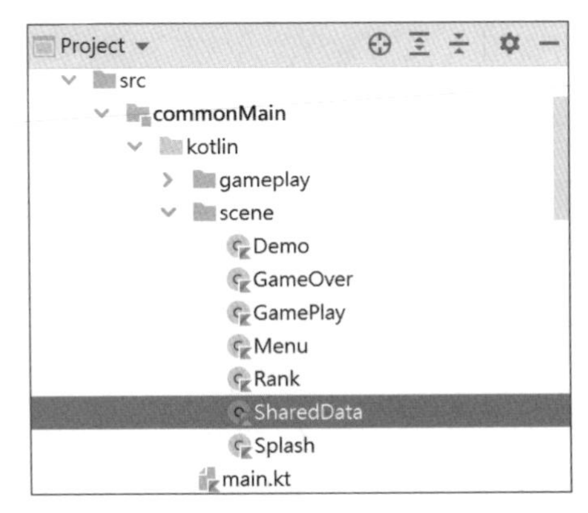

圖 3.9-3　sharedData.kt 檔案位置

SharedData.kt

變數會有選了某一個外星人、分數，跟是否闖關成功的結果。

```
object SharedData {
    var SELECT_RUN_ALIEN:CHARACTER = CHARACTER.GREEN
    var GAME_SCORE:Int = 0
    var IS_GAME_OVER_SUCCESS = true
}
```

Menu.kt

這樣在 Menu.kt 的宣告建立外星人物件被點擊時 onClick{} 部分就能加上 SELECT_RUN_ALIEN 是哪隻外星人了。

```
val alien = Alien().apply {
    load(Character.values()[i])
    onClick {
        selectRunAlien?.stop()// 被選到前先讓前一個被選到的停止動作
        selectRunAlien = this// 目前被選到的外星人
        SharedData.SELECT_RUN_ALIEN = this.character// 暫存在 SharedData.kt
        walk()// 進行走的動作
    }
}
```

GamePlay.kt

也能在 GamePlay.kt 的載入角色時，知道是選了哪一隻。

```
// 加入外星人
alien = Alien()
alien.apply {
    load(SharedData.SELECT_RUN_ALIEN)// 讀取 SharedData.kt 的暫存資料
    parentView.addChild(this)
    alignBottomToTopOf(ItemManager.BASE_FLOOR!!)
    x = Item.BASE_WIDTH * 1
    defaultY = alien.y
    walk()// 外星人走路
}
```

遊戲結束判斷

請回想鴨鴨助教在（3.5 小節）時訂下的遊戲規則，遊戲會在時間倒數完的時候結束遊戲，血量還足夠就是闖關成功的條件，反之血包扣光則是闖關失敗。

Alien.kt

這時要讓遊戲比較有趣一點，就要讓外星人也會做出闖關成功跟失敗的表情動作。

```
// 單眼短身外星人載入資料
CHARACTER.PINK->{
    alienWalkCount = 11
    alienWalkSpeed = 0.1
    headBitmap = resourcesVfs["pink_alien_head.png"].readBitmap()
    standBitmap = resourcesVfs["pink_alien_stand.png"].readBitmap()
    walkBitmp = resourcesVfs["pink_alien_walk.png"].readBitmap()
```

```
    hurtBitmap = resourcesVfs["pink_alien_hurt.png"].readBitmap()
    jumpBitmap = resourcesVfs["pink_alien_jump.png"].readBitmap()
    deadBitmap = hurtBitmap// 闖關失敗圖片（可跟受傷畫面共用）
    goalBitmap = resourcesVfs["pink_alien_goal.png"].readBitmap()
    // 闖關成功圖片

    goalAnimation  = SpriteAnimation(// 闖關成功動畫
        spriteMap = goalBitmap,
        spriteWidth =  goalBitmap.width/alienGoalCount,
        spriteHeight = goalBitmap.height,
        marginTop = 0,
        marginLeft = 0,
        columns = alienGoalCount,
        rows = 1,
        offsetBetweenColumns = 0,
        offsetBetweenRows = 0
    )
}
```

也還要補上外星人的闖關成功跟失敗的狀態，用 DEAD 跟 GOAL 來表示。

```
enum class STATUS {
     STAND,
     WALK,
     JUMP,
     FALL,
     HURT,
     DEAD,
     GOAL
}
// 中間部分省略…
fun dead(){// 闖關失敗
    if(status != STATUS.GOAL && status!=STATUS.DEAD) {
        changeStatus()
        sprite = sprite(deadBitmap)
```

```
            status = STATUS.DEAD
        }
    }
    fun goal(){// 闖關成功
        if(status != STATUS.GOAL && status!=STATUS.DEAD) {
            changeStatus()
            sprite = sprite(goalAnimation) {
                spriteDisplayTime = alienGoalSpeed.seconds
            }.apply {
                playAnimationLooped()
            }
            status = STATUS.GOAL
        }
    }
    fun update() {
        when (status) {
            // 前略…
            STATUS.DEAD,STATUS.GOAL -> {
                if (y < defaultY) {
                    y += 6
                }
            }
        }
    }
```

場景物件也需要全部停止移動呈現靜止畫面。

Item.kt

場景物件加上 stop() 停止移動。

```
fun stop(){// 停止移動
    moveSpeed = 0
}
```

ItemManager.kt

負責管理遊戲物件的管理器也要加上 stop() 才有辦法一口氣全部呼叫停止移動。

```
fun stop() {// 停止所有物件移動
    items.forEach {
        it?.stop()
    }
    items.clear()
    scoreItem.clear()
    hurtItem.clear()
}
```

SharedData 的分數跟狀態也同時記錄下來要傳給下一個 GameOver 場景，這個動作鴨鴨助教寫在一個 checkGameOver() 的函式處理。

GamePlay.kt

```
// 檢查遊戲是否達到結束條件
fun checkGameOver(){
    if(blood.nowValue == 0){// 檢查血包數量
        background.stop()
        ItemManager.stop()
        gameTimer.stop()
        alien.dead()
        SharedData.run {
            GAME_SCORE = score.nowValue
            IS_GAME_OVER_SUCCESS = false
        }
        goToGameOver()// 進入遊戲結束畫面
    }else if(gameTimer.totalTime == 0){// 檢查剩餘時間
        background.stop()
        ItemManager.stop()
        alien.goal()
        SharedData.run {
```

```
            GAME_SCORE = score.nowValue
            IS_GAME_OVER_SUCCESS = true
        }
        goToGameOver()// 進入遊戲結束畫面
    }
}
```

你瞧！設計完的實際遊戲結果，當遊戲結束條件達成後，單眼短身外星人因為過關了正在手舞足道！（只剩一血驚險過關⋯.）（如圖 3.9-4）。

圖 3.9-4　闖關成功的遊戲畫面

反之，如果受傷失敗就會擺臭臉，血包都被扣光光了（如圖 3.9-5）。

圖 3.9-5　闖關失敗的遊戲畫面

外星人擺完遊戲結束的畫面後，就要進到切換場景到遊戲結束畫面了。

```
fun goToGameOver() {
    launchImmediately {
        delay(2.seconds)
        sceneContainer.changeTo<GameOver>()
    }
}
```

遊戲結束

在 GameOver 遊戲結束畫面使用暫存資料的 IS_GAME_OVER_SUCCESS 判斷最後要顯示的背景畫面、文字、分數跟外星人顯示的表情。

GameOver.kt

```
// 加入闖關背景圖案
if(SharedData.IS_GAME_OVER_SUCCESS){// 闖關成功
    image(resourcesVfs["gameover_success.png"].readBitmap()) {
        anchor(0.5, 0.5)
        scaledWidth = screenWidth
        scaledHeight = screenHeight
        position(scaledWidth / 2, scaledHeight / 2)
    }
}else{// 闖關失敗
    image(resourcesVfs["gameover_failed.png"].readBitmap()) {
        anchor(0.5, 0.5)
        scaledWidth = screenWidth
        scaledHeight = screenHeight
        position(scaledWidth / 2, scaledHeight / 2)
    }
}
// 加入文字
val textString = if (SharedData.IS_GAME_OVER_SUCCESS) {
    "You're Success!!!"
```

```
} else {
    "You're Failure!!"
}
val fontSize = 40.0
fontBitmap = NativeImage(width = width.toInt(), height = 100).apply {
    getContext2d().fillText(
        textString,
        x = 0,
        y = fontSize,
        font = resourcesVfs["NotoSans-Black.ttf"].readTtfFont(),
        fontSize = fontSize.toDouble(),
        color = Colors.BLUE
    )
}

resultString = image(fontBitmap) {
    position(scaledWidth / 2 - (textString.count() * fontSize) / 4, 50.0)
}

// 加入分數
val score = Score().apply {
    load()
    parentView.addChild(this)
    initPosition()
    alignTopToBottomOf(resultString)
    nowValue = SharedData.GAME_SCORE
    update()
}

// 外星人闖關後表情
val alien = Alien().apply {
    load(SharedData.SELECT_RUN_ALIEN)
    parentView.addChild(this)
    alignTopToBottomOf(resultString)
    alignRightToLeftOf(score)
    x -= 30
    if (SharedData.IS_GAME_OVER_SUCCESS) {
```

```
        goal()
    } else {
        hurt()
    }
}
```

最後把「NEXT」下一步圖案放上遊戲畫面上，點擊 onClick{} 就會切換到 Rank 排行榜畫面了。

```
// 加上下一步按鈕
image( resourcesVfs["next.png"].readBitmap()) {
    anchor(0.5, 0.5)
    alignTopToBottomOf(score)
    centerXOn(parentView)
    x-= 20
    y+= 30
    onClick {
        launchImmediately {
            sceneContainer.changeTo<Rank>()
        }
    }
}
```

因此從 GamePlay 遊戲核心檢查闖關條件後，執行到 goToGameOver() 就會自動切換到 GameOver 結算畫面，與此同時也就告知玩家是闖關成功（如圖 3.9-6）或失敗（如圖 3.9-7），也會看到得到的分數，也有「NEXT」按鈕提醒到下一頁去。

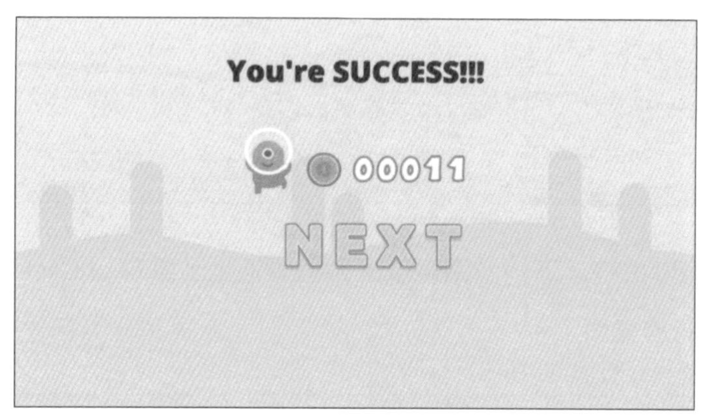

圖 3.9-6　闖關成功的遊戲結束畫面

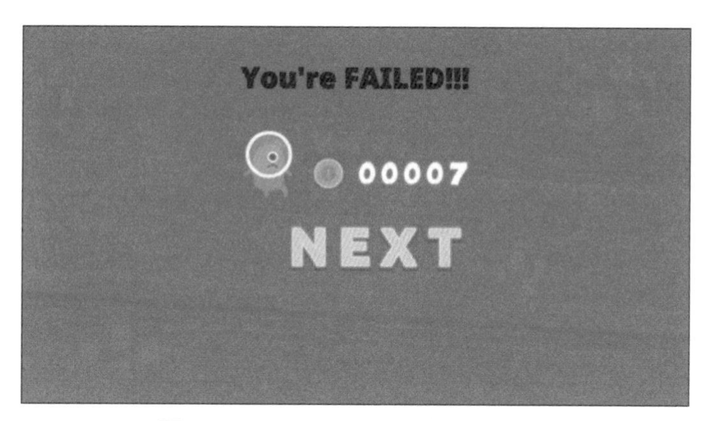

圖 3.9-7　闖關失敗的遊戲結束畫面

下一小節就要來開始設計核心遊戲之外的小系統功能排行榜囉！

3.10 Rank 設計 - 排行榜

玩完一回合的遊戲分數就要記下來送入排行榜來比高下了，但是事情好像用一句話就講完，可是好像要設計的東西可能不比設計遊戲核心少喔，按照這個節奏就是要看著鴨鴨助教繼續說下去囉。

本機計分

首先要記下玩家在該遊戲回合所得到的分數，接著要跟玩家的最高歷史紀錄做比較，如果玩家的分數有比歷史紀錄高，就要先變更最高歷史紀錄（除非你想要設計每回合的分數都要進行記錄，但是這裡鴨鴨助教就先以保留最高分數來實作了）。

什麼是本機？跟單機有關係嗎？

本機就是目前你使用的設備（可能是電腦、手機、或是平板）。而在遊戲開發中，一般不具有網路連線功能的遊戲，會稱作是單機遊戲，所以鴨鴨助教目前交各位設計的遊戲內容，還是屬於離線可以遊玩的單機小遊戲囉。

鴨鴨助教的補充

使用 VfsFile

咦？好像都沒看過什麼 VfsFile 這個東西！其實早在前面好幾篇都使用過囉。在讀取圖片素材時，我們使用的 resourcesVfs["xxxxx.png"].readBitmap() 方法，而 resourcesVfs["xxxxx.png"] 就是 VfsFile，就是 KorGE 內建寫檔、讀檔的類別。記下最高分數就只需要一個數字，不過寫檔的話我們就會需要一個檔案，取名為 score.txt。

```
val scoreFile = resourcesVfs["score.txt"]
```

接著程式會檢查 score.txt 檔案是否存在「/src/commonMain/kotlin/resources」的資料夾底下，如果不存在就會進行建立新檔案的動作。

```
if(!scoreFile.exists()){// 檢查檔案是否存在
    scoreFile.open(VfsOpenMode.CREATE_NEW)// 不存在就建立新檔案
}
```

計分檔案存在的話，就開始讀取檔案的資料，初始分數先設為 0，如果讀檔有資料，將分數字串轉成 Int。

```
val savedScoreString = scoreFile.readString()
var savedScore = 0
if(savedScoreString.isNotEmpty()){// 檢查前次儲存的分數是否是空值或 0
    savedScore = savedScoreString.toInt()// 非空值跟 0 的值就讀取出來
}
```

最後跟暫存在遊戲回合結束記下的 SharedData 的分數進行比大小，如果當次分數比儲存的分數高，就會把最高分數寫進 score.txt。

```
if(SharedData.GAME_SCORE > savedScore){ // 若有新高分記錄
        savedScore = SharedData.GAME_SCORE
        scoreFile.writeString(SharedData.GAME_SCORE.toString())
        // 將分數寫入檔案
        println("new savedScore = $savedScore")
}
```

將上面的程式碼的判斷邏輯串起來，放到 Rank.kt 裡，整個本機的計分方法 getHighestScore() 就完成，也能顯示玩家的最高分數，趁現在把最後一個排行榜畫面建構起來吧，相信各位對於擺放背景圖片跟顯示文字跟分數已經看了好幾個畫面的設計都學起來了。

Rank.kt

```
class Rank : Scene() {
    lateinit var rankImage: Image
    lateinit var resultString: Image
    override suspend fun Container.sceneInit() {
        val parentView = this
        val screenWidth = ConfigModule.size.width.toDouble()
        val screenHeight = ConfigModule.size.height.toDouble()
        val ttfFont = resourcesVfs["NotoSans-Black.ttf"].readTtfFont()
        // 加入背景圖
        image(resourcesVfs["bg_shroom.png"].readBitmap()) {
            anchor(0.5, 0.5)
            scaledWidth = screenWidth
            scaledHeight = screenHeight
            position(scaledWidth / 2, scaledHeight / 2)
        }
        // 加入排行榜文字
        val textString = "RANK"
        val fontSize = 40.0
        val rankBitmap = NativeImage(width = 120, height = 100).apply {
            getContext2d().fillText(
                textString,
                x = 0,
                y = fontSize,
                font = ttfFont,
                fontSize = fontSize,
                color = Colors.BLUE
            )
```

```
    }
    rankImage = image(rankBitmap) {
        x = (parentView.width - width) / 2
        y += 50
    }
    //加入我的最高分文字
    val myScoreString = "My Highest Score:"
    val myScorefontBitmap = NativeImage(width = 400, height = 100).apply {
        getContext2d().fillText(
            myScoreString,
            x = 0,
            y = fontSize,
            font = ttfFont,
            fontSize = fontSize,
            color = Colors.BLACK
        )
    }
    resultString = image(myScorefontBitmap) {
        alignTopToBottomOf(rankImage)
        x = (parentView.width - width) / 2 - 100
        y += 20.0
    }
    //加入分數
    Score().apply {
        load()
        parentView.addChild(this)
        initPosition()
        nowValue = getHighestScore()
        update()
        alignTopToBottomOf(rankImage)
        alignLeftToRightOf(resultString)
        y += 20.0
    }
    //加上下一步按鈕
    image(resourcesVfs["next.png"].readBitmap()) {
        alignTopToBottomOf(resultString)
        x = (parentView.width - width) / 2
```

```
            onClick {
                launchImmediately {
                    sceneContainer.changeTo<Menu>()
                }
            }
        }
    }
    suspend fun getHighestScore(): Int {// 取得目前最高分數
        val scoreFile = resourcesVfs["score.txt"]
        if (!scoreFile.exists()) {// 檢查檔案是否存在
            scoreFile.open(VfsOpenMode.CREATE_NEW)// 不存在就建立新檔案
        }
        val savedScoreString = scoreFile.readString()
        var savedScore = 0
        if (savedScoreString.isNotEmpty()) {
        // 檢查前次儲存的分數是否是空值或 0
            savedScore = savedScoreString.toInt()
            // 非空值跟 0 的值就讀取出來
        }
        println("savedScore = $savedScore")
        if (SharedData.GAME_SCORE > savedScore) {// 若有新高分記錄
            savedScore = SharedData.GAME_SCORE
            scoreFile.writeString(SharedData.GAME_SCORE.toString())
            // 將分數寫入檔案
            println("new savedScore = $savedScore")
        }
        return savedScore// 回傳目前最高分數
    }
}
```

試著玩玩看一回合遊戲，進入到排行榜就能看見目前自己最高的分數囉（如圖 3.10-1）。

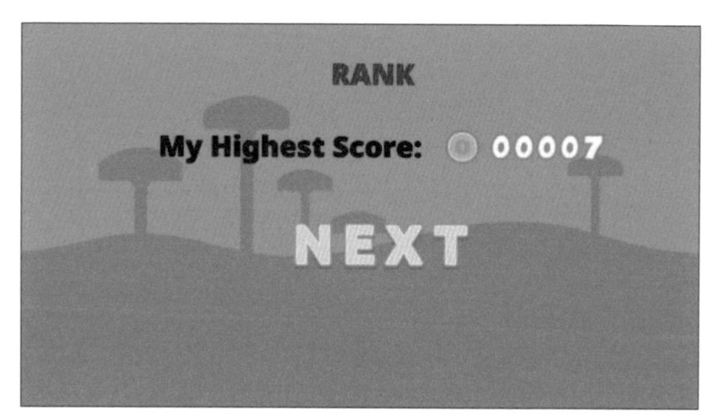

圖 3.10-1　遊戲排行榜畫面

這次設計排行榜本機儲存分數的方式，一切都為了接續下個篇章做鋪路，因為需要先有本機的儲存分數，才可以將紀錄上傳至伺服器讓伺服器的程式幫助我們跟全部線上的玩家進行排行榜的比分。

- https://korlibs.soywiz.com/korio/#vfsfile

3.11 總結

咦！？不知不覺就把遊戲架構的後半段的遊戲結束跟排行榜畫面寫完了！趕緊從頭再 review 自己當初設計的遊戲架構是不是都符合（如圖 3.11-1），也從頭開始試玩看看是不是覺得還滿有趣的！

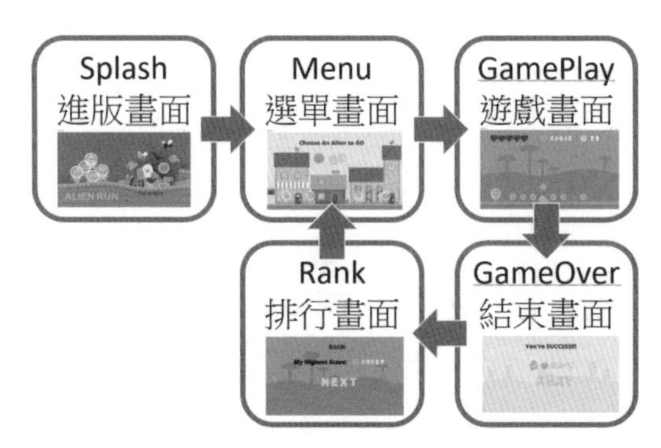

圖 3.11-1　完成的小遊戲

鴨鴨助教的碎碎念

在遊戲結束跟排行榜畫面完成的同時，恭喜各位已經完成了一個單機版的小遊戲！做遊戲就跟拼拼圖或是組合模型很像，中間組合過程可能會遇到卡關（鴨鴨助教也是會遇到程式跟設計上的難題，並不會一帆風順），但有耐心地一塊塊的碎片拼湊出來，最終完成的作品的成就感還是非常值得的。

KorGE 的在前端遊戲設計的應用暫時先在本篇章告一段落（後面的第五章整合篇章還是會繼續介紹相關應用）。接下來的重點是鴨鴨助教將會帶領各位進入後端設計的的部分，也是在最初有提及的後端開發框架「Ktor」，準備好一起挑戰下一關囉！

MEMO

CHAPTER

遊戲後端開發篇

設計小遊戲的上半場幾乎都是專注在學習遊戲前端 KorGE 的基本元件使用方法，以及怎麼應用這些元件來將我們的遊戲核心實作出來，而下半場就是要來處理遊戲後端的線上排行榜系統。要製作伺服器當然還是要交給專門處理後端的框架，也就是鴨鴨助教接下來介紹的 Ktor 了！

4.1 Ktor 安裝

Ktor 是什麼呢？

簡單來說，Ktor 就是一個專門用 Kotlin 語言打造的 Web 框架，簡單易懂好上手，非常適合已經學會 Kotlin 然後又剛入門寫後端程式的人來嘗試，而鴨鴨助教在（1.1.3 小節）一開始的章節也有提到 Ktor 的一些介紹，可以再翻回去複習，或是看不過癮的可以直接到官網看詳細的簡介「https://ktor.io/」（如圖 4.1-1），這裡我就要直接帶各位進行實際操作演練了。

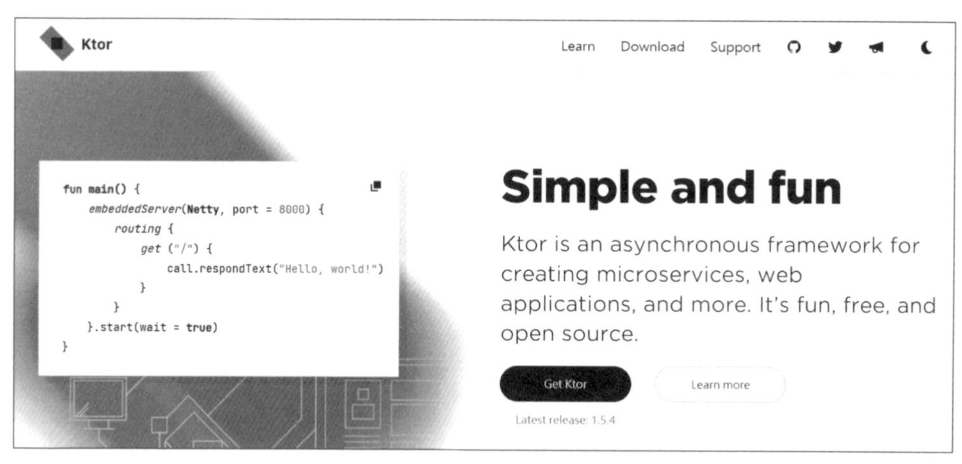

圖 4.1-1　Ktor 官方網站

安裝 Plguin

如果已經跟著鴨鴨助教從頭一直練習開發的話，一定早就裝好 IntelliJ 的 IDE，而 Ktor 的開發基本上也是使用 IntelliJ 的 IDE，因此想要自製線上小遊戲非常方便，只要用同一套 IDE 就前端後端一條龍都能使用！不過 Ktor 跟 KorGE 一樣，都需要先去 Plugin 下載，這樣開新專案時才會有方便的建立專案的精靈幫你把相關設定都先預備好。IntelliJ 的安裝就不在贅述囉（可以看 1.2.1 的教學），所以開啟你的 IntelliJ 的 IDE 找到 Plugin 所在處，關鍵字輸入「Ktor」，立刻進行安裝，重啟後你就能準備使用 Ktor 囉（如圖 4.1-2）。

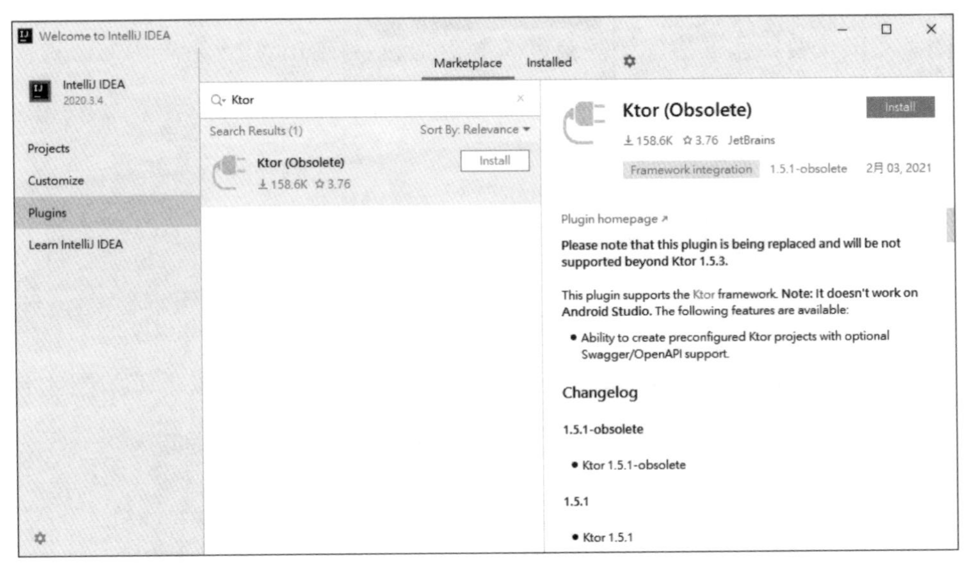

圖 4.1-2　安裝 Ktor Plguin

建立 Ktor 專案

安裝好重啟後，在 IntelliJ 的入口畫面，按下「New Project」開新的專案，可以看到左邊就有 Ktor 選項（如圖 4.1-3）。

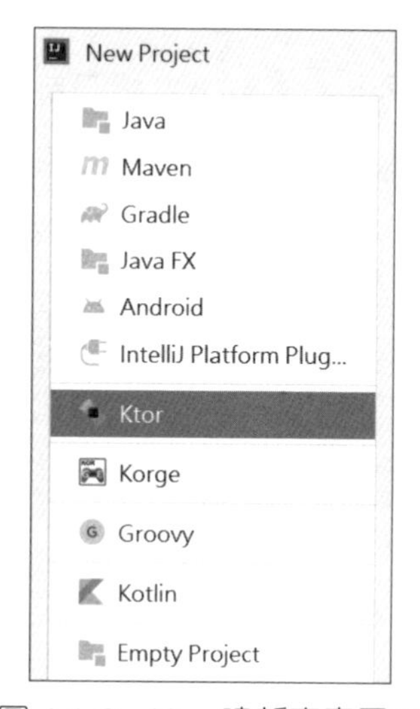

圖 4.1-3　Ktor 建新專案圖示

這個範例專案的建置架構是會用 Gradle 組成，然後是用 Netty 的網頁伺服器，先在 Server 的 Templating 勾選「HTML DSL」就可以了（如圖 4.1-4），目的是為了可以示範在 Ktor 程式執行時可以有網頁畫面呈現。

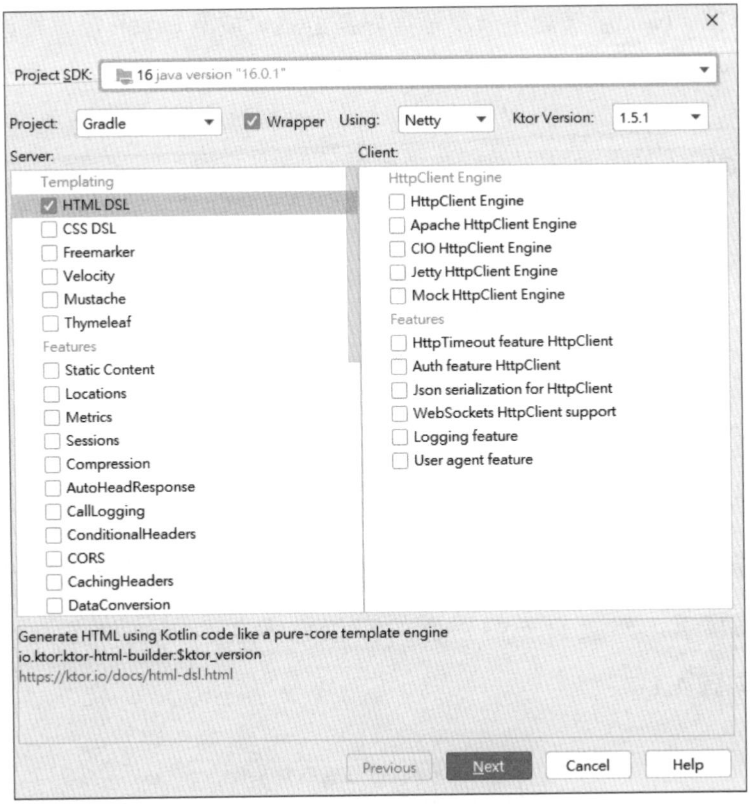

Project SDK: 16 java version "16.0.1"

Project: Gradle　Wrapper　Using: Netty　Ktor Version: 1.5.1

Server:

Templating
- HTML DSL
- CSS DSL
- Freemarker
- Velocity
- Mustache
- Thymeleaf

Features
- Static Content
- Locations
- Metrics
- Sessions
- Compression
- AutoHeadResponse
- CallLogging
- ConditionalHeaders
- CORS
- CachingHeaders
- DataConversion

Client:

HttpClient Engine
- HttpClient Engine
- Apache HttpClient Engine
- CIO HttpClient Engine
- Jetty HttpClient Engine
- Mock HttpClient Engine

Features
- HttpTimeout feature HttpClient
- Auth feature HttpClient
- Json serialization for HttpClient
- WebSockets HttpClient support
- Logging feature
- User agent feature

Generate HTML using Kotlin code like a pure-core template engine
io.ktor:ktor-html-builder:$ktor_version
https://ktor.io/docs/html-dsl.html

Previous　Next　Cancel　Help

圖 4.1-4　Ktor 建新專案設定選項

下一步就是將伺服器專案取名為「myServer」，這裡可以依照自己喜好去命名囉（如圖 4.1-5）。

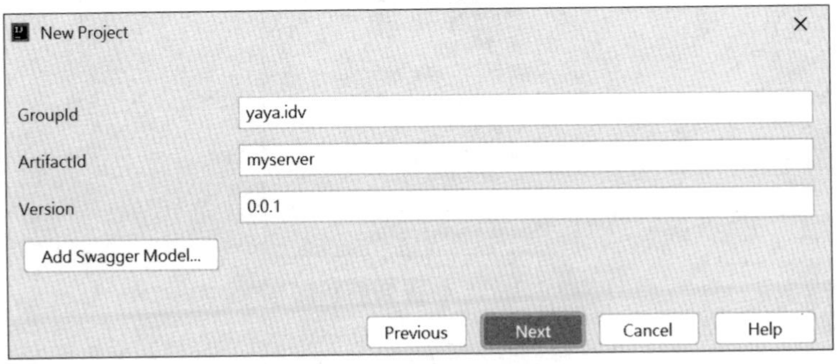

New Project

GroupId　yaya.idv

ArtifactId　myserver

Version　0.0.1

Add Swagger Model...

Previous　Next　Cancel　Help

圖 4.1-5　Ktor 設定專案名稱

再來按「Next」按鈕下一步選擇專案位置，按下 Finish 後專案建立就大功告成（如圖 4.1-6）！

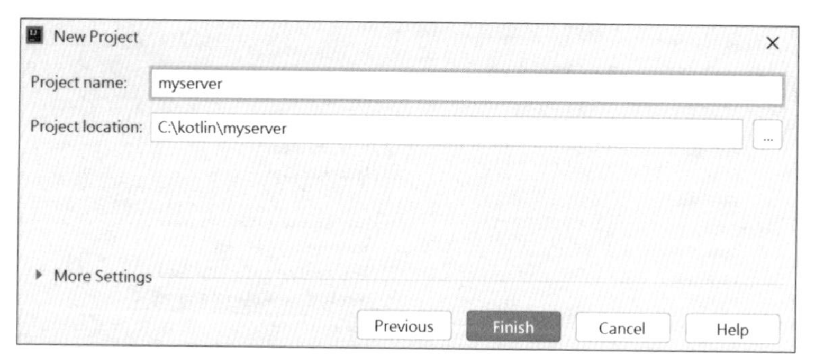

圖 4.1-6　Ktor 設定專案路徑

接著我們去專案資料夾找到程式進入點，也就是在「/src/Application.kt」這個檔案，然後有一個對應的配置檔案在「/resources/application.conf」（如圖 4.1-7）。

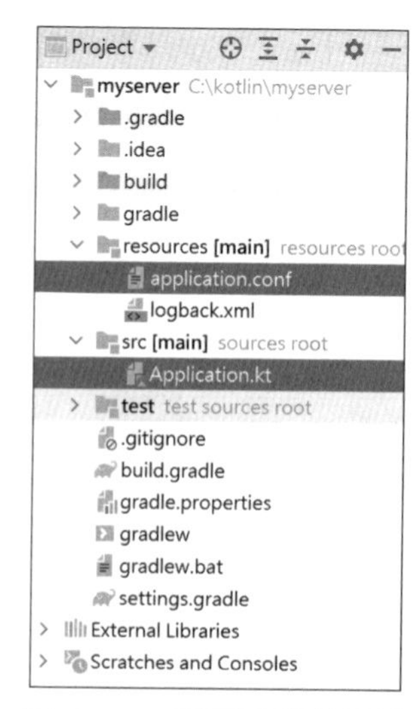

圖 4.1-7　新專案資料結構

程式碼解說

application.conf

由 Ktor Plugin 產生的專案會以 EngineMain 的方式來建置，這個建置方式是把伺服器的設定獨立在 resource 資料夾的一個設定檔 application.conf，設定檔裡就有伺服器監聽的 port 跟應用程式載入模組 application module 的設定，當程式編譯啟動後，就會依照這個配置執行。

```
ktor {
    deployment {
        port = 8080
        port = ${?PORT}
    }
    application {
        modules = [ yaya.idv.ApplicationKt.module ]
    }
}
```

Application.kt

跟 KorGE 的專案一樣，所有程式的執行一定都會有個進入點，這樣才知道程式從哪裡被呼叫執行，而 Ktor 的一開始執行的進入點就是「fun main」，會啟動一個 Netty 的 Server Engine（伺服器引擎）。再來載入模組的部分就是「fun Application.module(testing: Boolean = false)」，我們會把負責網路要求 HTTP Request 的 routing 放在這裡，routing 裡就是定義要呼叫的路徑位置，get("/") 就是呼叫網頁的根路徑位置後，會回應「HELLO WORLD!」，另一個就是用 Html 的格式寫的內容，定義在 get("/html-dsl")。

```
fun main(args: Array<String>): Unit = io.ktor.server.netty.
                                              EngineMain.main(args)

@Suppress("unused") // Referenced in application.conf
@kotlin.jvm.JvmOverloads
fun Application.module(testing: Boolean = false) {
    routing {
        get("/") {
            call.respondText("HELLO WORLD!", contentType =
                                            ContentType.Text.Plain)
        }
        get("/html-dsl") {
            call.respondHtml {
                body {
                    h1 { +"HTML" }
                    ul {
                        for (n in 1..10) {
                            li { +"$n" }
                        }
                    }
                }
            }
        }
    }
}
```

編譯執行

想要執行程式跑出網頁可以利用 IDE 右邊的 Gradle 列，點開後，點一下大象 icon，輸入「gradle run」(如圖 4.1-8)。

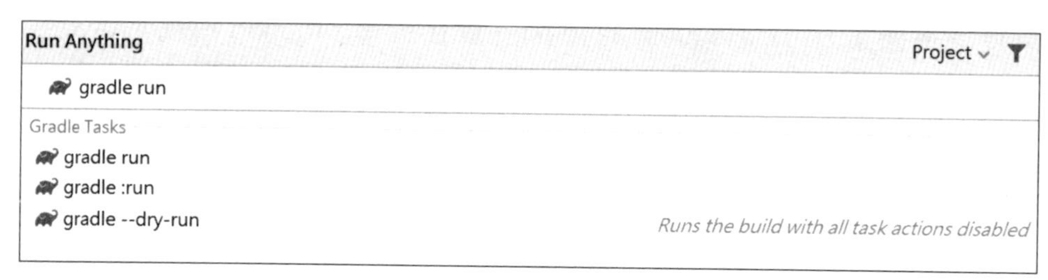

圖 4.1-8　專案編譯執行

接著 IDE 底下的 Run 視窗會開始進行編譯並執行程式，會產生一個「http://0.0.0.0:8000」的網頁位置（如圖 4.1-9）。

```
Run:  myserver [run]
myserver [run]: Run tasks...  1 1 min, 54 sec
  :compileKotlin 1 warning 37 sec, 840 ms
    Application.kt src 1 warning
      Parameter 'testing' is never used
  :run  1 min, 11 sec

        ]
    },
    # application.conf @ file:/C:/kotlin/myserver/build/resources/main/application.conf:
    "deployment" : {
        # application.conf @ file:/C:/kotlin/myserver/build/resources/main/application.c
        "port" : 8080
    },
    # Content hidden
    "security" : "***"
}

2021-05-23 15:18:52.523 [main] DEBUG Application - Java Home: C:\Program Files\Java\jdk1
2021-05-23 15:18:52.537 [main] DEBUG Application - Class Loader: sun.misc.Launcher$AppCl
2021-05-23 15:18:52.547 [main] INFO  Application - No ktor.deployment.watch patterns mat
2021-05-23 15:18:55.476 [main] INFO  Application - Responding at http://0.0.0.0:8080
```

圖 4.1-9　專案執行產生的網頁位置

點擊後，就會呼叫在程式裡 rounting 定義的 get("/")，因此就顯示出「Hello World!」的字串，表示你的 Ktor 伺服器程式成功跑起來了（如圖 4.1-10）！

圖 4.1-10　Ktor 產生的網頁

另一個定義的網頁路徑「/html-dsl」呼叫後，也會將資料顯示出來（如圖 4.1-11）。

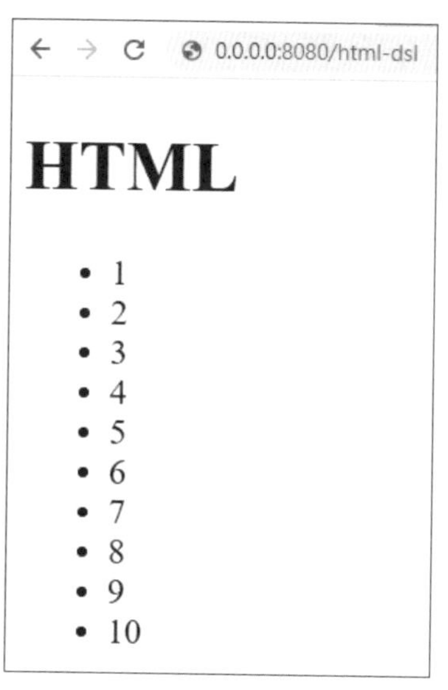

圖 4.1-11　Ktor 產生的 Html-DSL 網頁

只要幾個步驟，你的第一隻後端「Hello World!」程式就完成了，用 Ktor 是不是超級快速又方便！接下來的就能再介紹怎麼在伺服器安裝資料庫跟使用資料庫來存取遊戲的排行榜資料庫囉！

另一種 Ktor 伺服器建置的方式

鴨鴨助教的補充

用 Ktor 的伺服器建置目前有兩種方式，分別是 EmbeddedSever 跟 EngineMain。EmbeddedServer 這個建置方式是直接在 Ktor 專案程式 Application.kt 的進入點 fun main 裡直接呼叫 embeddedServer 函式，把要設定的參數 Server Engine 跟要對應的伺服器 Port 傳入，這個方法可以很簡單很直接在程式裡直接設定伺服器參數。

```
fun main() {
    embeddedServer(Netty, port = 8000) {
        routing {
            get("/") {
                call.respondText("Hello, world!")
            }
        }
    }.start(wait = true)
}
```

鴨鴨助教的碎碎念

為什麼我點了 http://0.0.0.0:8080 瀏覽器沒有出現 Hello World! 網頁呢？

這個問題鴨鴨助教也有碰過，會出現 " 無法連上這個網站 http://0.0.0.0:8080 的網頁可能暫時離線，或是已經遷移到另一個網址 ERR_ADDRESS_INVALID" 的訊息，先排除是忘記執行 gradle run 讓專案跑起來的問題，鴨鴨助教猜測有的電腦本機會自動將 0.0.0.0 的位置導向 127.0.0.1，但有的電腦不會，所以 Ktor 產生的 http://0.0.0.0:8080 沒辦法直接打在瀏覽器連線成功，這時候就請各位自己改成 http://127.0.0.1:8080 或是 http://localhost:8080 試試看應該就會連線成功。

參考連結

- https://ktor.io/
- https://ktor.io/docs/create-server.html
- https://ktor.io/docs/configurations.html

4.2 MySQL 安裝

已經安裝好 Ktor 了，也學會建立新的 Ktor 專案，照慣例鴨鴨助教應該是要開始進入寫程式的步驟了，但是這裡又要請大家稍等一會，因為在開始寫 Ktor 程式之前還需要一個重要的前置步驟，那就是進行資料庫（Database）的環境建置。主要原因是遊戲的後端程式需要一個資料庫來讀取跟寫入我們設計的遊戲資料（也就是排行榜的資料），而為了不在開發 Ktor 程式的中途又切換去安裝資料庫的部分（因為通常安裝教學都會落落長），所以在這先安排講解資料庫的安裝跟建置了。

雖然可以選擇的資料庫類型有很多，不過還是用鴨鴨助教慣用的「MySQL」來當作練習示範，我有介紹 Windows 跟 Mac 電腦的 MySQL 安裝教學，請各位準備好電腦連上網開始下載檔案。MySQL Server 的下載位置：

「https://dev.mysql.com/downloads/mysql/」（若已經會 MySQL 資料庫建置的讀者，可以直接略過從建立資料庫的 Schema 開始看起）。

Windows 電腦安裝

進到下載網頁後，看到「MySQL Installer for Windows」的圖案，點選「Go to Download Page」，進到下一頁（如圖 4.2-1）。

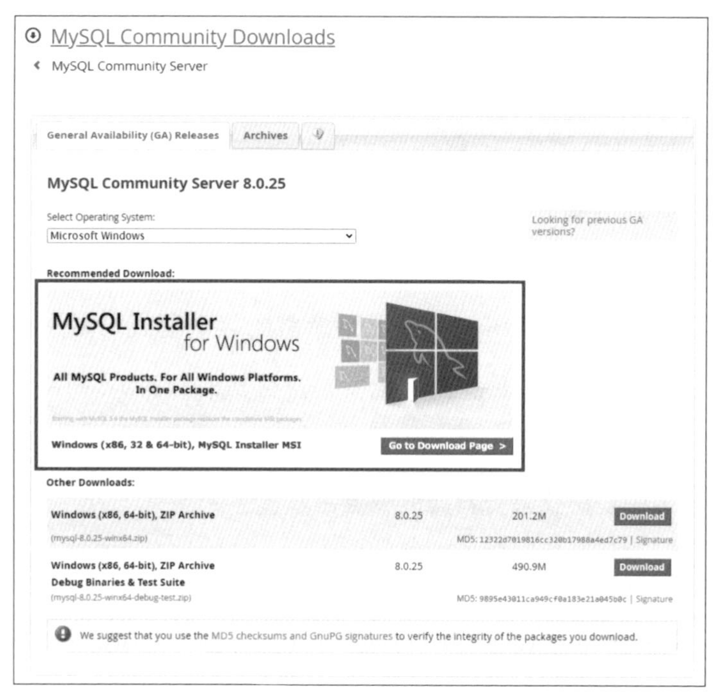

圖 4.2-1　Windows MySQL 安裝入口網頁

接著會有檔案比較小的線上安裝版跟檔案較大的離線安裝版，鴨鴨助教就下載比較小檔案 2.4M 的線上安裝版（如圖 4.2-2）。

圖 4.2-2　Windows MySQL 安裝檔案網頁

開啟安裝精靈後，我們不用所有 MySQL 的套件都安裝，只需要 Server 跟連線 Server 用的 Client 套件即可，所以「Setup Type」選擇「Custom」即可（如圖 4.2-3）。

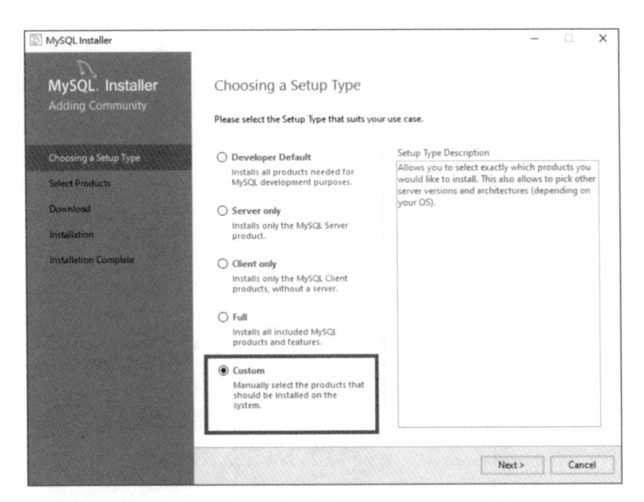

圖 4.2-3　開始安裝 Windows MySQL

到了下一頁選擇安裝的產品，就只要選「MySQL Server」跟「MySQL Workbench」，按「Next」下一步後就能準備開始安裝了（如圖 4.2-4）。

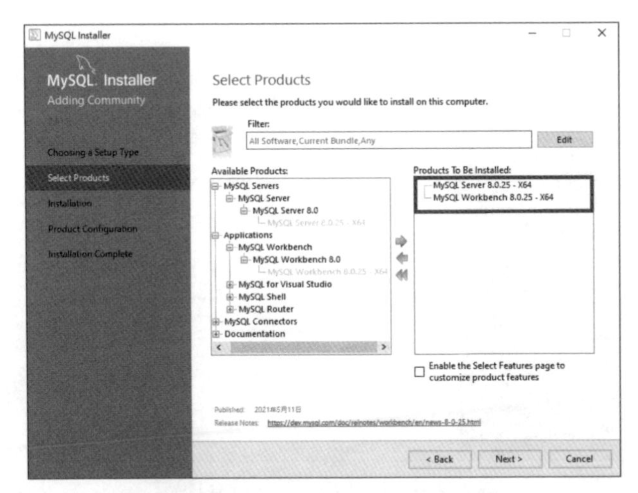

圖 4.2-4　選擇 MySQL Server 跟 MySQL Workbench 安裝

等到這兩項都安裝完後，會需要先設置「MySQL Server」的設定，只要直接再按「Next」進到下一頁（如圖 4.2-5）。

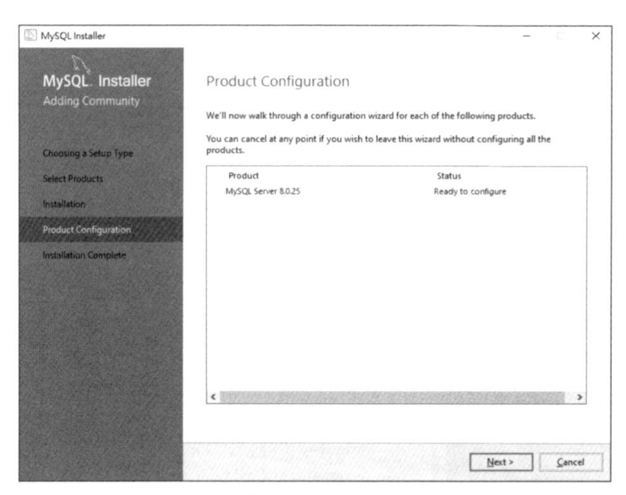

圖 4.2-5　準備設置 MySQL Server

基本上我們只要使用安裝精靈給我們的預設類型「Development Computer」就行了，預設埠（port）也是設定了 MySQL 常會用的 3306（如圖 4.2-6）。

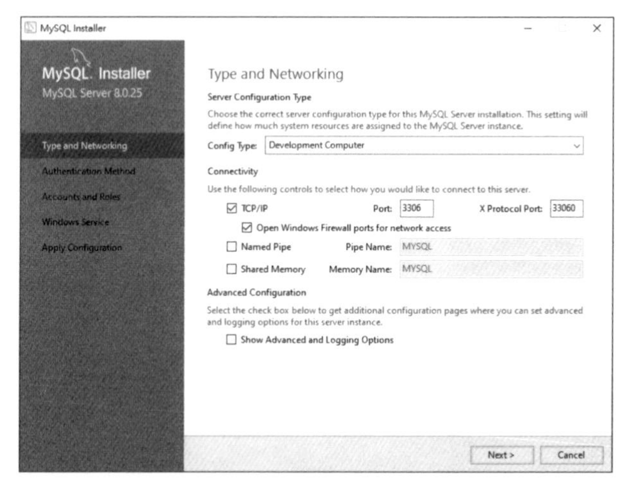

圖 4.2-6　MySQL Server 的設定

「Authentication Method」的設定也是直接用一開始預設的「Use Strong Password Encryption for Authentication (RECOMMENDED)」(如圖 4.2-7)，按「Next」繼續。

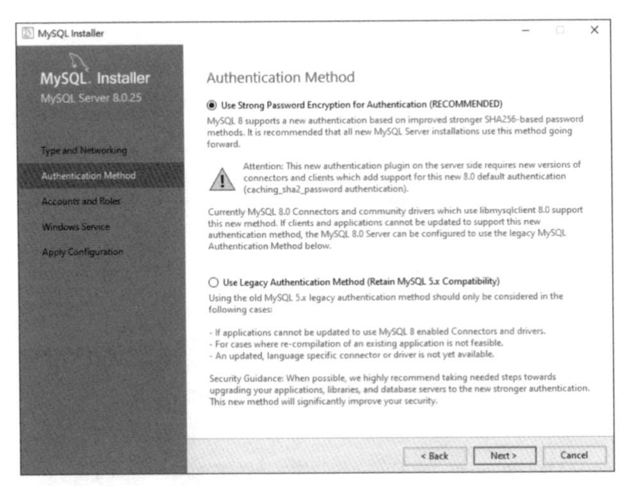

圖 4.2-7　MySQL Server 的 Authentication 設定

進到「Accounts and Roles」設定就會需要輸入 Root 帳號的 MySQL 密碼(如圖 4.2-8)。

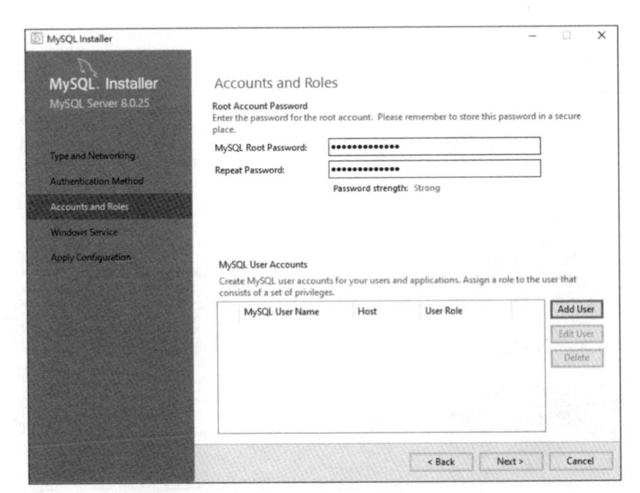

圖 4.2-8　Root 的帳號密碼設定

也可以再多新增一個 MySQL 的帳號，按下「Add User」按鈕，跳出「MySQL User Account」的視窗，輸入該帳號的名稱跟密碼按下「OK」即可新增帳號（如圖 4.2-9）。

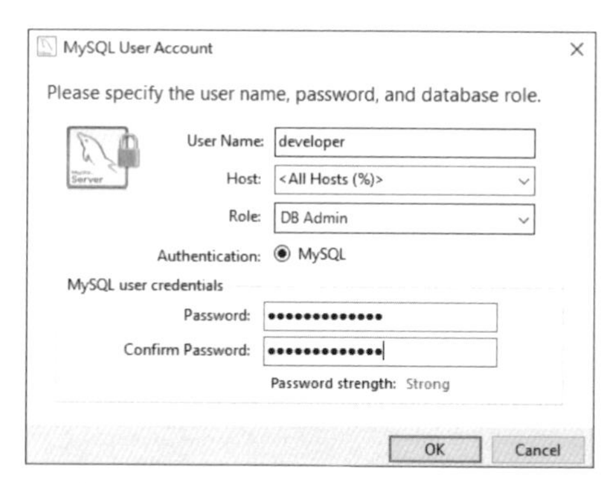

圖 4.2-9　新增使用者的帳號密碼

管理員帳號跟開發者帳號設定好後，接下來的一頁是會把 MySQL 的服務加入到「Windows Service」服務裡，這樣一來當我們電腦重開機時會自動將 MySQL Server 的服務啟用，這裡的設定就照預設的設定就可以了，就繼續按下「Next」（如圖 4.2-10）。

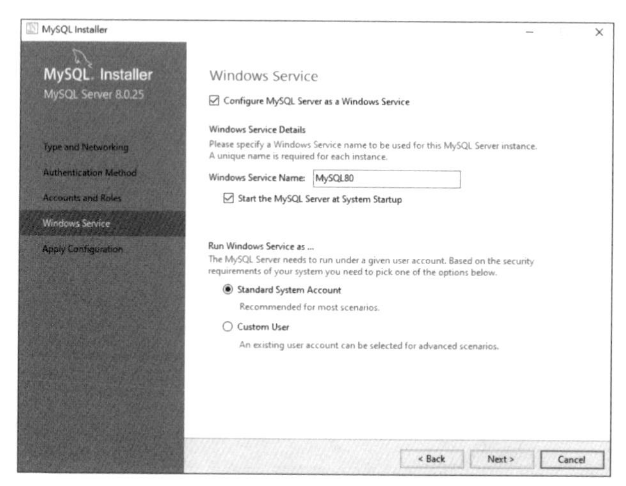

圖 4.2-10　Windows 服務設定

最後一頁列出剛剛設定的清單，沒有出現問題就能按下「Execute」按鈕，把設定正式寫入 MySQL Server 的設定，全部設定完最後會寫 MySQL Server 設定成功，就完成 MySQL 的安裝了（如圖 4.2-11）。

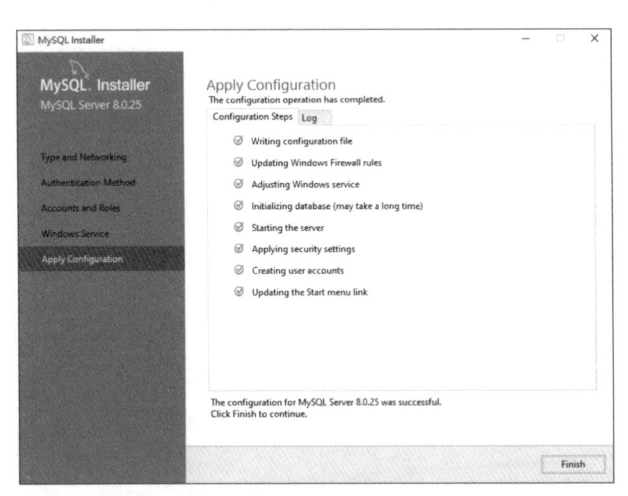

圖 4.2-11　所有 MySQL Server 設定項目設置成功

安裝完後，到 Windows 的「系統資訊」，點開「軟體環境」的服務，可以看到「MySQL 服務」正在執行中（如圖 4.2-12）。

系統資訊
檔案(F) 編輯(E) 檢視(V) 說明(H)

系統摘要
- 硬體資源
- 元件
- 軟體環境
  - 系統驅動程式
  - 環境變數
  - 列印工作
  - 網路連線
  - 執行工作
  - 載入的模組
  - 服務
  - 程式群組
  - 啟動程式
  - OLE 登錄
  - Windows 錯誤報告

顯示名稱	名稱	狀態	開始模式	服務類型	路徑	錯誤控制	開始名稱	標記...
Microsoft Defender A...	WdNisSvc	執行中	手動	擁有處理程序	"c:\programdata\microsoft\windows defender\platform\4.18...	正常	NT AUTHORITY\LocalService	0
Microsoft Defender A...	WinDefend	執行中	自動	擁有處理程序	"c:\programdata\microsoft\windows defender\platform\4.18...	正常	LocalSystem	0
Microsoft Edge Elevati...	MicrosoftEd...	已停止	手動	擁有處理程序	"c:\program files (x86)\microsoft\edge\application\90.0.818...	正常	LocalSystem	0
Microsoft Edge 更新 ...	edgeupdate	已停止	自動	擁有處理程序	"c:\program files (x86)\microsoft\edgeupdate\microsoftedge...	正常	LocalSystem	0
Microsoft Edge 更新 ...	edgeupdatem	已停止	手動	擁有處理程序	"c:\program files (x86)\microsoft\edgeupdate\microsoftedge...	正常	LocalSystem	0
Microsoft iSCSI Initiat...	MSiSCSI	已停止	手動	共用處理程序	c:\windows\system32\svchost.exe -k netsvcs -p	正常	LocalSystem	0
Microsoft Keyboard Fi...	MsKeyboard...	已停止	已停用	共用處理程序	c:\windows\system32\svchost.exe -k netsvcs -p	正常	LocalSystem	0
Microsoft Office Click-...	ClickToRunSvc	執行中	自動	擁有處理程序	"c:\program files\common files\microsoft shared\clicktorun\o...	正常	LocalSystem	0
Microsoft Passport	NgcSvc	執行中	手動	共用處理程序	c:\windows\system32\svchost.exe -k localsystemnetworkres...	正常	LocalSystem	0
Microsoft Passport C...	NgcCtnrSvc	執行中	手動	共用處理程序	c:\windows\system32\svchost.exe -k localservicenetworkrest...	正常	NT AUTHORITY\LocalService	0
Microsoft Software Sh...	swprv	已停止	手動	擁有處理程序	c:\windows\system32\svchost.exe -k swprv	正常	LocalSystem	0
Microsoft Storage Spa...	smphost	已停止	手動	擁有處理程序	c:\windows\system32\svchost.exe -k smphost	正常	NT AUTHORITY\NetworkService	0
Microsoft Store 安裝...	InstallService	執行中	手動	擁有處理程序	c:\windows\system32\svchost.exe -k netsvcs -p	略過	LocalSystem	0
Microsoft Update Hea...	uhssvc	已停止	已停用	擁有處理程序	"c:\program files\microsoft update health tools\uhssvc.exe"	正常	LocalSystem	0
Microsoft Windows S...	SmsRouter	已停止	手動	共用處理程序	c:\windows\system32\svchost.exe -k localservicenetworkrest...	正常	NT Authority\LocalService	0
MySQL80	MySQL80	執行中	自動	擁有處理程序	"c:\program files\mysql\mysql server 8.0\bin\mysqld.exe" --d...	正常	NT AUTHORITY\NetworkService	0
Net.Tcp Port Sharing ...	NetTcpPortS...	已停止	已停用	共用處理程序	c:\windows\microsoft.net\framework64\v4.0.30319\smsvch...	正常	NT AUTHORITY\LocalService	0
Netlogon	Netlogon	已停止	手動	共用處理程序	c:\windows\system32\lsass.exe	正常	LocalSystem	0
NetSetupSvc	NetSetupSvc	已停止	Unknown	Unknown	無法使用	不明	無法使用	無法...
Network Connected ...	NcdAutoSet...	執行中	手動	共用處理程序	c:\windows\system32\svchost.exe -k localservicenonetwork -p	正常	NT AUTHORITY\LocalService	0
Network Connection ...	NcbService	執行中	手動	共用處理程序	c:\windows\system32\svchost.exe -k localsystemnetworkres...	正常	LocalSystem	0
Network Connections	Netman	已停止	手動	共用處理程序	c:\windows\system32\svchost.exe -k localsystemnetworkres...	正常	LocalSystem	0
Network Connectivity...	NcaSvc	已停止	手動	共用處理程序	c:\windows\system32\svchost.exe -k netsvcs -p	正常	LocalSystem	0
Network List Service	netprofm	執行中	手動	共用處理程序	c:\windows\system32\svchost.exe -k localservice -p	正常	NT AUTHORITY\LocalService	0
Network Location Aw...	NlaSvc	執行中	自動	共用處理程序	c:\windows\system32\svchost.exe -k networkservice -p	正常	NT AUTHORITY\NetworkService	0
Network Store Interfa...	nsi	執行中	自動	共用處理程序	c:\windows\system32\svchost.exe -k localservice -p	正常	NT Authority\LocalService	0
Office Source Engine	ose	已停止	手動	擁有處理程序	"c:\program files (x86)\common files\microsoft shared\sourc...	正常	LocalSystem	0
Offline Files	CscService	已停止	手動	共用處理程序	c:\windows\system32\svchost.exe -k localsystemnetworkres...	正常	LocalSystem	0
OpenSSH Authenticat...	ssh-agent	已停止	已停用	擁有處理程序	c:\windows\system32\openssh\ssh-agent.exe	正常	LocalSystem	0

圖 4.2-12　MySQL 在 Windows 系統資訊的軟體環境的服務裡運行中

Mac 電腦安裝

進到下載網頁後，「Select Operating System」選「macOS」，找到「.dmg」結尾的檔案按下「Download」按鈕下載（如圖 4.2-13）。

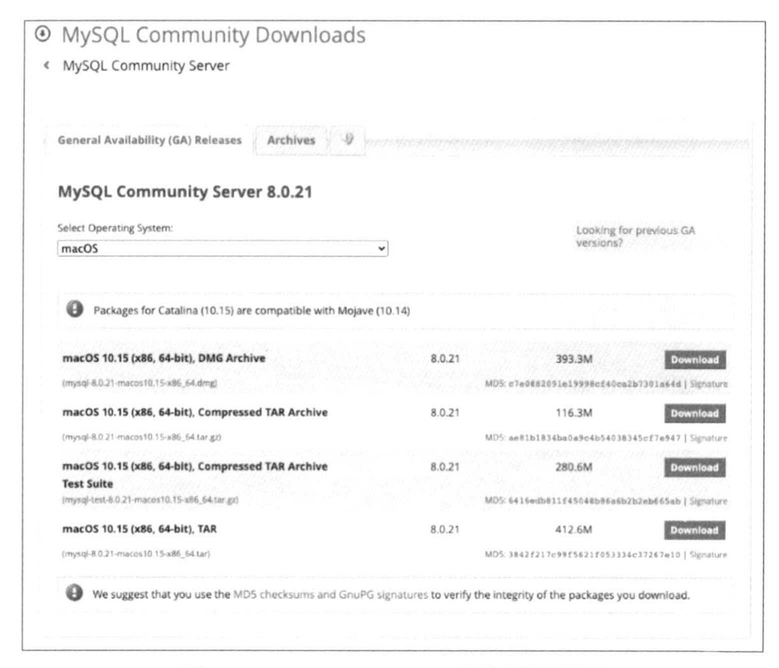

圖 4.2-13　Mac MySQL 安裝檔案網頁

下載完 dmg 檔案後，點開進行安裝（如圖 4.2-14）。

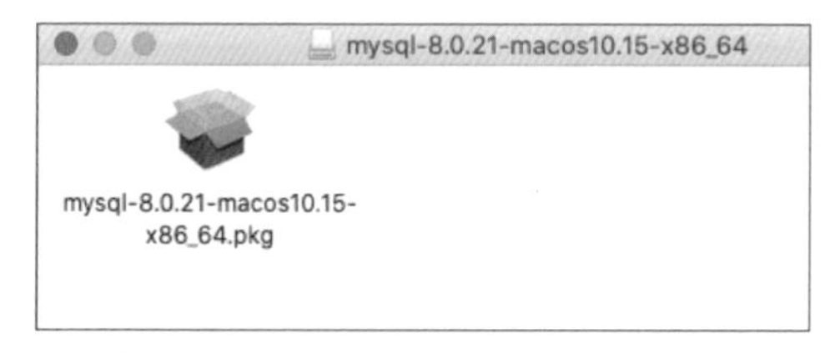

圖 4.2-14　Mac MySQL 安裝檔案

安裝精靈跳出，一直下一步就好，直到跳出要你輸入 root 的密碼（如圖 4.2-15）。

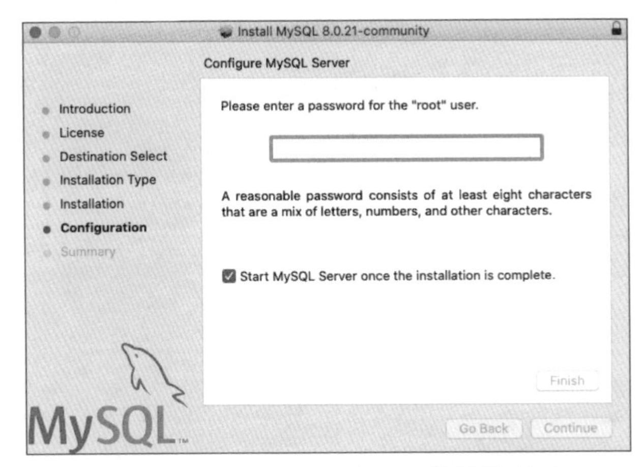

圖 4.2-15　MySQL 設定 root 管理員密碼

最後安裝成功就能按「Close」結束關閉（如圖 4.2-16）。

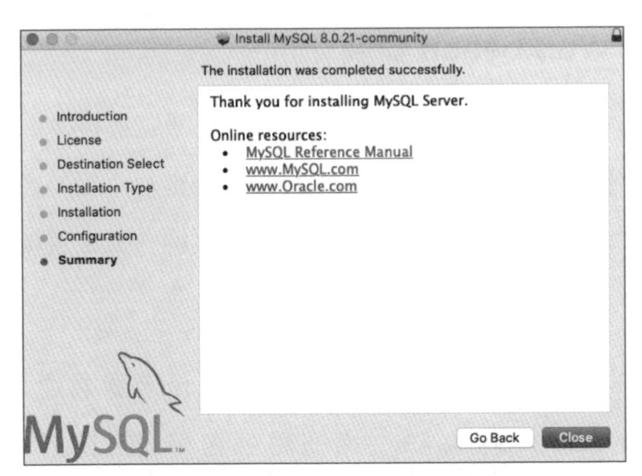

圖 4.2-16　MySQL 安裝成功畫面

安裝完後，到 Mac 電腦的「System Preference」裡頭找到「MySQL」的設定，可以看到 MySQL 服務正在啟用當中（如圖 4.2-17）。

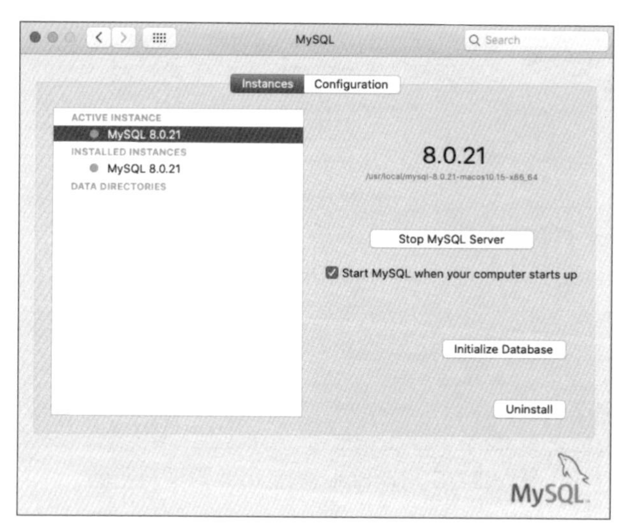

圖 4.2-17　MySQL 服務在系統正常運作中

MySQL Workbench 安裝

安裝好了「MySQL Server」，當然要有可以建立資料庫跟存取資料庫的地方，這些動作當然你可以在程式裡頭寫好都能進行，但是通常還會另外安裝一個「MySQL Client」的程式，不透過寫程式的方式來直接查看會比較方便測試開發。

好用的「MySQL Client」程式也是很多，但是我們還是直接使用官網提供的「MySQL Workbench」來使用就夠用了。使用 Windows 電腦的你，剛剛用 Windows MySQL 的安裝精靈時就有順便安裝了「MySQL Workbench」，就可以省略這一步驟直接去執行「MySQL Workbench」程式；而若是使用 Mac 電腦的你，就再需要去 MySQL 官網下載安裝檔案：「https://dev.mysql.com/downloads/workbench/」（如圖 4.2-18）。

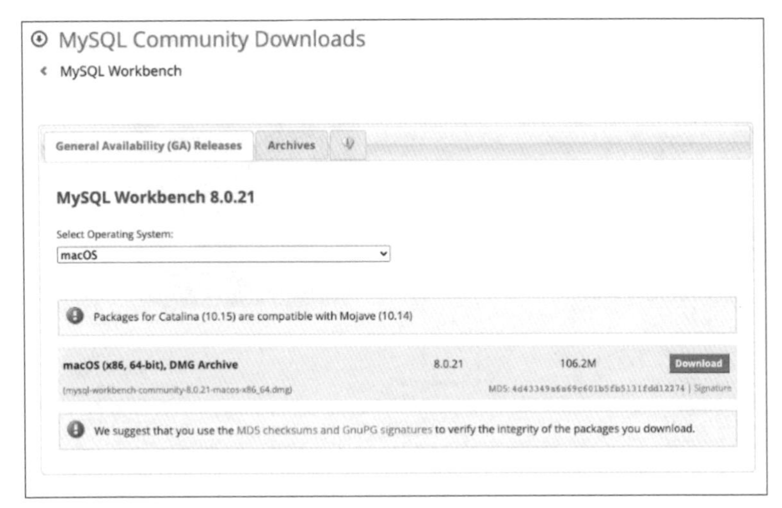

圖 4.2-18　下載 Mac 版本的 MySQL Workbench

一樣下載好 dmg 檔案後，點擊安裝檔案，這次就是把「MySQL Workbench」這個桌機 APP 拖曳到「Applications」資料夾（如圖 4.2-19）。

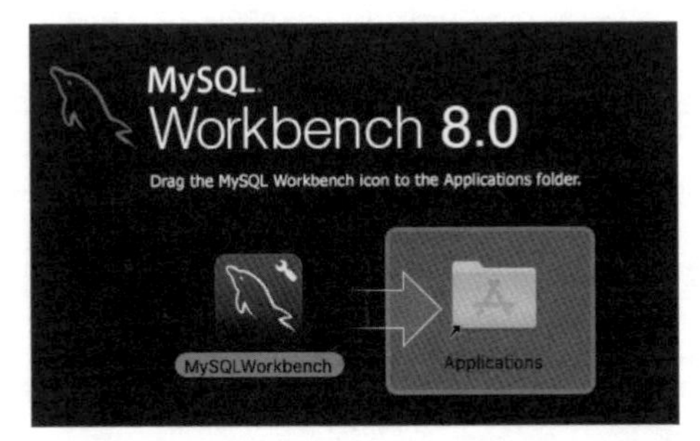

圖 4.2-19　MySQL Workbench 拖曳到 Applications

最後你可以在 Mac 的「Launchpad」或直接去「Applications」底下找到 APP，點擊就能打開「MySQL Workbench」囉（如圖 4.2-20）。

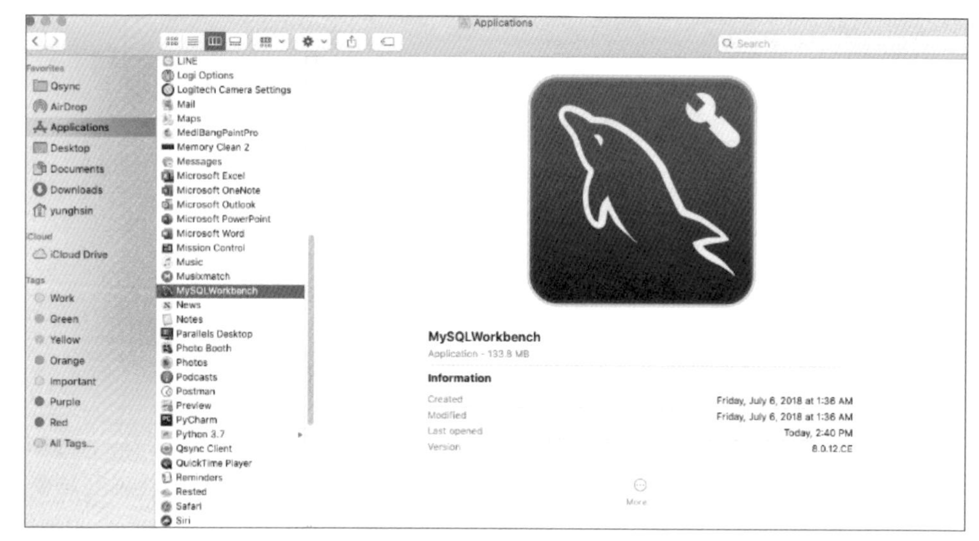

圖 4.2-20　MySQL Workbench 安裝成功

執行 MySQL Workbench

打開後，照理説程式會自動掃描幫你找到剛剛本機已經建立好的 MySQL Server，會在「MySQL Connections」底下看到有標題「Local instance」開頭的這一個區塊的資訊，如果沒有你也可以在「MySQL Connections」旁邊的「加號」點下去直接新增要連接的 MySQL Server。

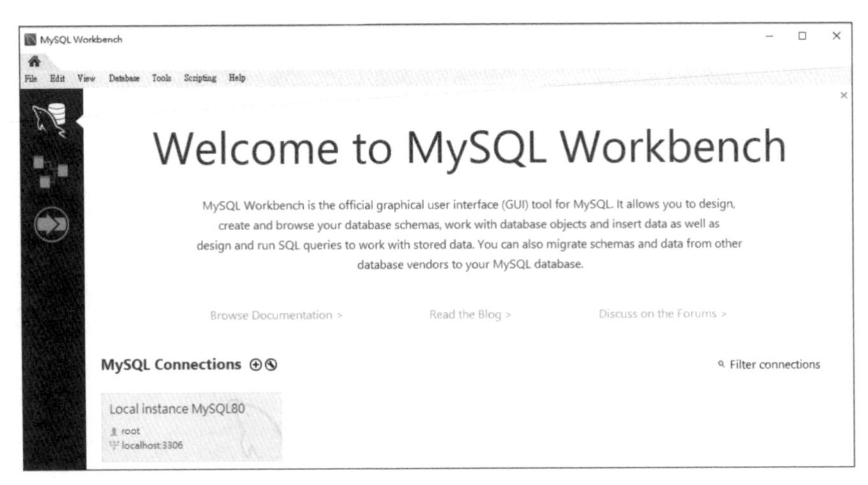

圖 4.2-21　MySQL Workbench 執行後的首頁

新增後會跳出一個「Setup New Connection」的視窗，「Connection Name：」填入一個你比較好辨識的名稱，例如「My Game Server」。而「Hostname：」是填入你要連接的 MySQL Server 的 ip 位置或 domain name，「Username：」是需要輸入登入的 MySQL 帳號（如圖 4.2-22）。

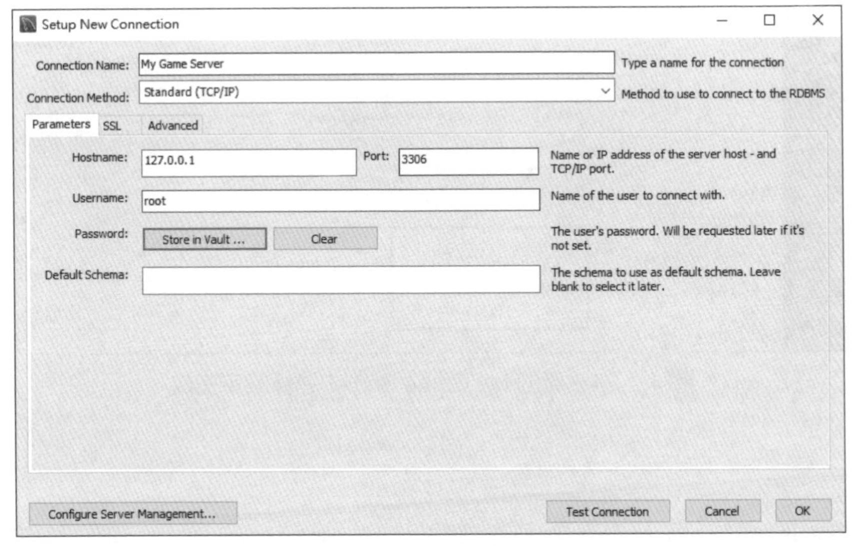

圖 4.2-22　連線 MySQL Server 設定

而「Password：」就是輸入 MySQL 的密碼，這欄位可以事先寫好儲存不用每次連都要一直輸入，或是選擇每次連接時再輸入「Password」(如圖 4.2-23)。

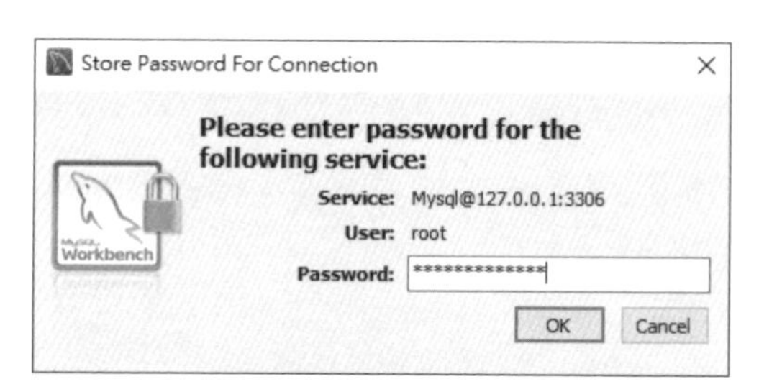

圖 4.2-23　連線 MySQL Server 密碼設定

按下確認後，回到 MySQL Workbench 的首頁，就能發現有新建立的「My Game Server」的區塊資訊了(如圖 4.2-24)。

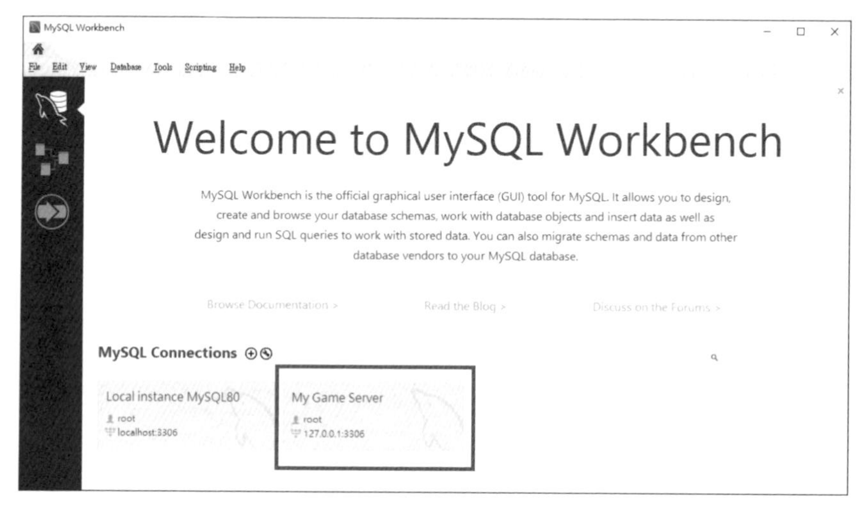

圖 4.2-24　新的 My Game Server 連線設定完成

點擊「My Game Server」的區塊後，會跳出一個大大的視窗，如果介面覺得很陌生都不熟悉沒關係，只要先確定你的 Tab 是連到剛剛我們編輯的「My Game Server」，表示已經順利地跟你辛苦在前面安裝好的 MySQL Server 連線成功了（如圖 4.2-25）。

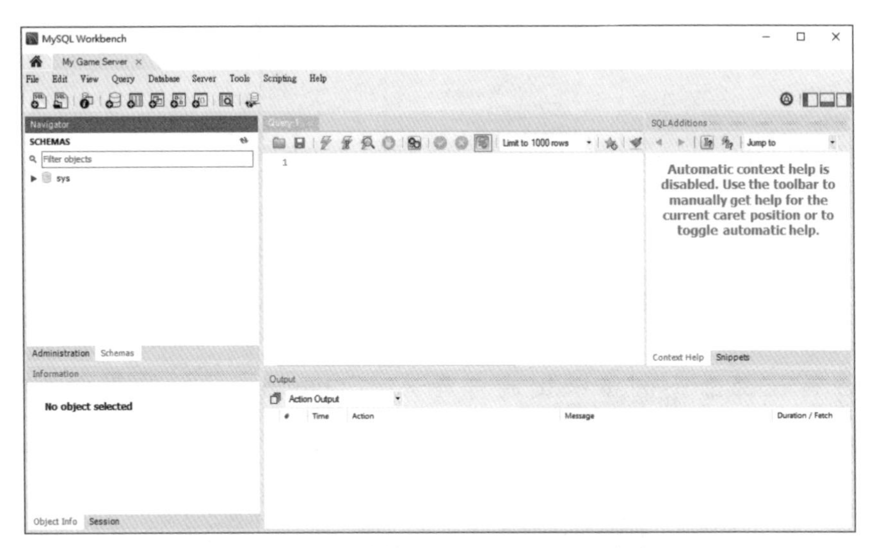

圖 4.2-25　連線 My Game Server 成功

建立資料庫的 Schema

這時候我們要先做一個動作就是建立「Schema」，有了「Schema」才能在裡頭建立資料庫的表「Table」。我們把「Schema」就稱作為「mygame」囉！這時你要在視窗的左手邊找到「SCHEMAS」這個區塊，在空白處按下滑鼠右鍵，會跳出選項，選擇「Create Schema」（如圖 4.2-26）。

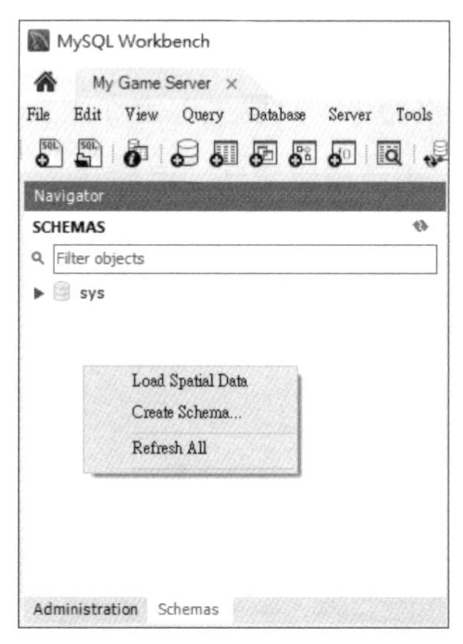

圖 4.2-26　SCHEMAS 區塊

接著在視窗中間會跳出請你輸入「Schema」名稱的畫面，填好「mygame」後按下「Apply」按鈕（如圖 4.2-27）。

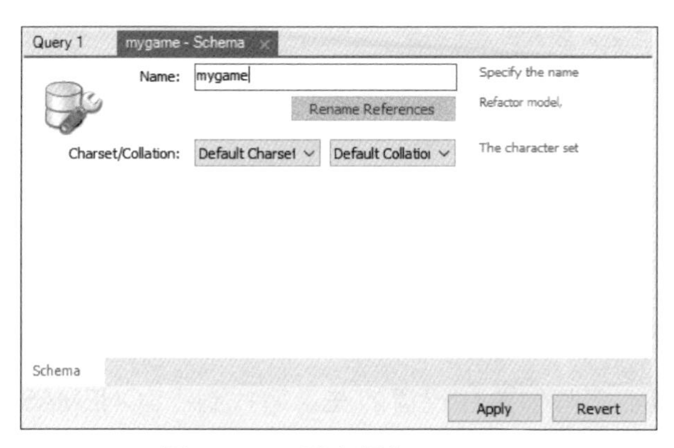

圖 4.2-27　建立新的 Schema

MySQL Workbench 比較謹慎需要你再確認「Review」過是不是真的要 apply 剛剛的動作（如圖 4.2-28）。（不然有的指令下了一去不復返）。

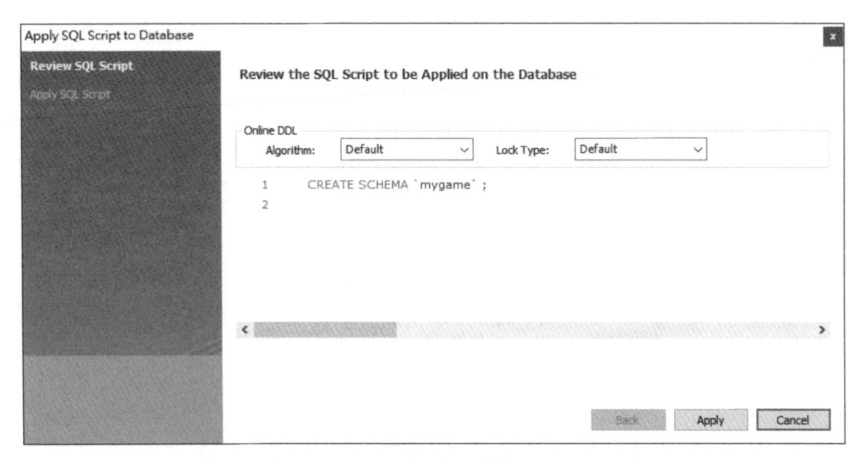

圖 4.2-28　再次確認建立新的 Schema 動作

按下「Apply」按鈕後，接著回頭看視窗左手邊「SCHEMA」區塊，多出「mygame」了，不過當然內容都是空空的囉（如圖 4.2-29）。

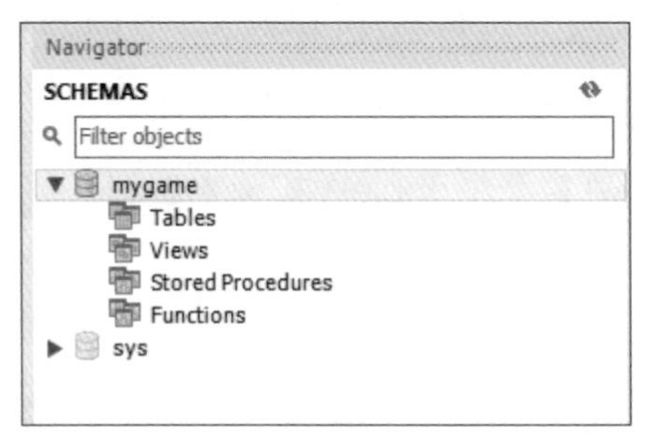

圖 4.2-29　建立好的 Schema-mygame

建立 Table

接著我們來試著用 MySQL Workbench 來建立一個測試「test Table」，只是讓大家小試一番，因為實際的用 Ktor 撰寫資料庫方面的部分可以直接透過程式碼的定義就能做到建立 Table 了，這邊是讓大家練習熟悉怎麼手動用這套工具來建立 Table。 建立 Table 只要選到「Tables」然後滑鼠右鍵跳出選項，選擇「Create Table」(如圖 4.2-30)。

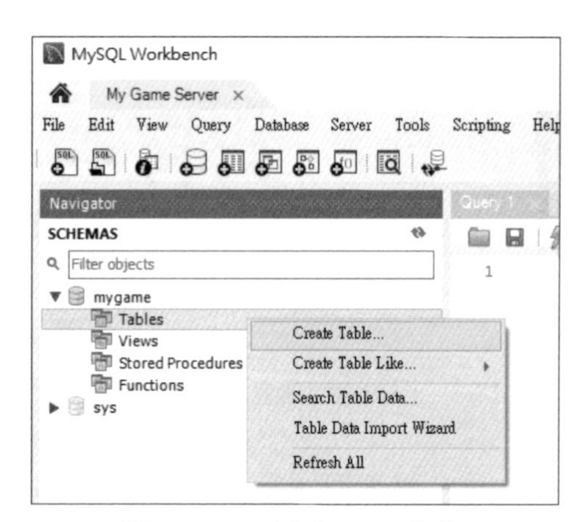

圖 4.2-30　新建 Table 動作

因為是測試練習建立 Table，所以將 Table 的名稱先取名為「test」，Table 的主鍵就是「id」，然後我們另一個欄位就命名為「name」來存名稱字串，按下「Apply」後就會產生 Table（如圖 4.2-31）。

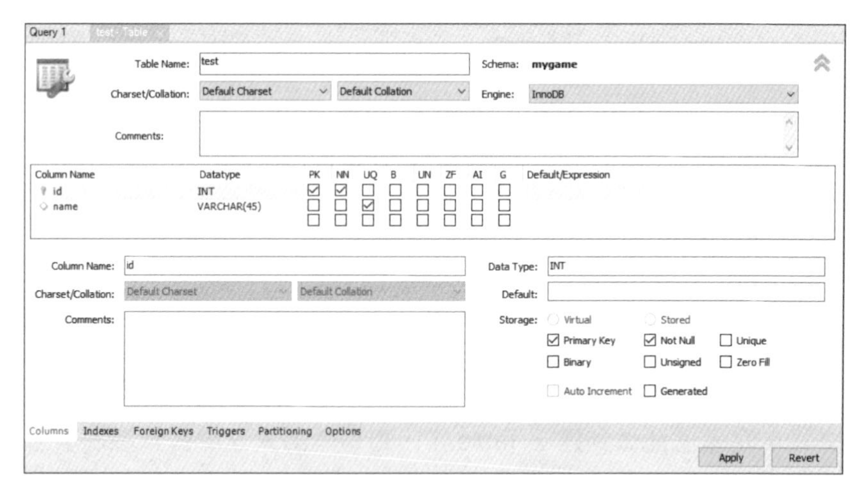

圖 4.2-31　設定 Table 內容

一樣在視窗左手邊「SCHEMA」區塊，就多了「Tables → test → Columns」有了「id」跟「name」的欄位（如圖 4.2-32）。

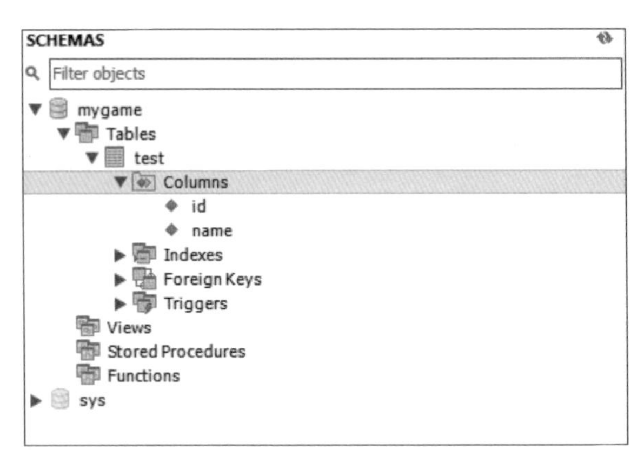

圖 4.2-32　完成建立 Table 內容

大致上 MySQL Workbench 的教學就到這裡了，至於大家常說的資料庫「CURD」的指令，如果你還不會或是記不起來也沒關係，只要將滑鼠右鍵點選下去，會幫你產生「CURD」的指令樣板，就能輕鬆進行「新增、更新、刪除、讀取」資料了（如圖 4.2-33）！

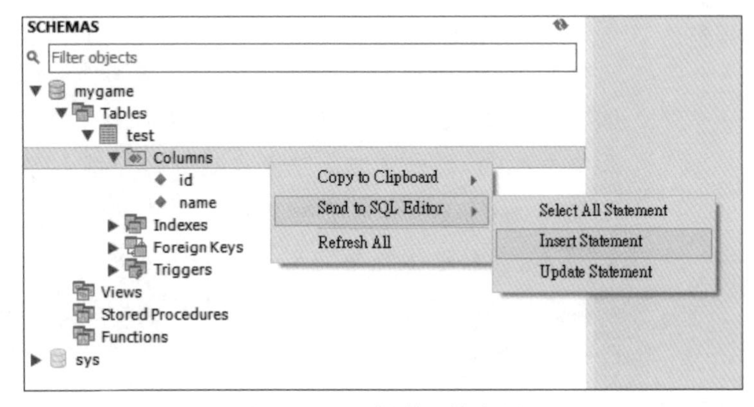

圖 4.2-33　新增一筆資料

以下就是新增一筆資料，然後查詢出來的結果（如圖 4.2-34）。

圖 4.2-34　新增一筆資料的結果

鴨鴨助教的碎碎念

現在一般建置開發比較少選擇用這種直接在本機安裝的方式，因為通常會希望保持自己的電腦環境是裝越少東西越好，不要額外多裝這些開發環境，就算要裝也希望能騰出另外一台開發電腦，來裝這些設定，當然如果你的電腦夠力，裝一個 VM 的開發環境也是個選擇。有人會立刻說怎麼不使用 Docker 來裝 MySQL 就好了呢！？考慮到可能一些初學的人可能連 Docker 都不曾使用過，或是有的是使用 Windows 系統版本無法使用 Docker，因此鴨鴨助教選擇直接用安裝在本機的方式，少掉要學習 Docker 這一個門檻。

4.3 設計遊戲資料庫

經歷了前面兩個小章節，就學會要如何建立 Ktor 專案，同時也把 MySQL 資料庫建立好了，現在鴨鴨助教準備要來開始動手寫程式做資料庫程式設計的部分囉。

設計排行榜資料庫

因為我們只是一個小遊戲的排行榜，所以資料庫的內容設計就相對來説比較簡單，只要一個資料表就能達成我們排行榜的需求了。在此之前先需要做一個示意排行榜資料的表格，該表格會有每筆紀錄 id 的流水號，玩家名稱跟最高分數，還有更新分數的時間（如圖 4.3-1）。

id	user	score	updateTime
(流水號)	(玩家名稱)	(最高分數)	(更新時間)

圖 4.3-1　排行榜資料表

反應比較快的人，就會説有這張資料表的定義基本上就能用剛剛學到的 MySQL Workbench，自己去手動輸入建立這張資料表（立刻現學現賣，不用跟著鴨鴨助教一起練習）。但是這裡鴨鴨助教反而不用特別去開 MySQL Workbench 去建立資料表，而是要直接在 Ktor 裡使用「Exposed」就能幫我們達到設計資料庫這件事了。

什麼是 Exposed 呢？

「Exposed」是一種「ORM 資料庫」的框架，支援的資料庫類型也很多，一般常用的 MySQL，PostgreSQL 都有支援，正好鴨鴨助教也是教大家安裝 MySQL。想要看更詳細的介紹的讀者可以去官網閱讀：「https://github.com/JetBrains/Exposed」。

安裝 Exposed 套件

先到建立好的 Ktor 專案裡的「build.gradle」檔案裡加入以下三行的 dependencies：

build.gradle

```
implementation "org.jetbrains.exposed:exposed-core:0.27.1"
implementation "org.jetbrains.exposed:exposed-dao:0.27.1"
implementation "org.jetbrains.exposed:exposed-jdbc:0.27.1"
```

建立 Table

Exposed 提供用兩種方式來存取資料庫，一種用「SQL DSL」去寫，另一種就是鴨鴨助教比較習慣使用「DAO」的方式去建立。所以建立 Table 的方式會用 DAO 的方式。(有興趣學 SQL DSL 方式的可以到官網參考寫法練習)。我們會新建一個「entity」資料夾，裡面專門放我們建表的程式檔案，新建一個「UserScores.kt」的檔案(把 user 當作唯一的所以要多加 .uniqueIndex()，而分數預設都是 0 需要設成 .default(0))。

UserScores.kt

```
object UserScores : org.jetbrains.exposed.dao.id.LongIdTable() {
    var user = varchar("user", 255).uniqueIndex()
    var score = integer("score").default(0)
    var updateTime = long("updateTime")
}
```

建立 Model

再新建一個「model」資料夾，專門放建立存取資料庫的類別，我們再新建一個檔案「UserScore.kt」。

UserScore.kt

```
data class UserScore(var id:Long?=null, var user:String, var score:Int)
```

建立 Repository

接著再建立一個「repository」的資料夾，「Repository」會負責進行資料庫的 CURD 動作，我們建立一個新檔案「UserScoreRespository.kt」，然後會有「fun add()、fun update()、fun get()」這三個函式方法，分別代表了排行榜資料的「新增、更新、取得」。

UserScoreRepository.kt

```
class UserScoreRepository {
    suspend fun add(data: UserScore) {
        transaction {
            UserScores.insert {
                it[user] = data.user
                it[score] = data.score
                it[updateTime] = System.currentTimeMillis()
            }
        }
    }

    suspend fun update(data: UserScore) {
        transaction {
```

```
            UserScores.update({ (UserScores.user eq data.user) and
                                (UserScores.score less data.score) }) {
                it[score] = data.score
                it[updateTime] = System.currentTimeMillis()
            }
        }
    }


    suspend fun get(): List<UserScore> {
        val data = withContext(Dispatchers.IO) {
            transaction {
                UserScores.selectAll().orderBy(UserScores.score,
                                        SortOrder.DESC).mapNotNull {
                    toUSerScore(it)
                }.toMutableList()

            }
        }
        return data
    }

    private fun toUSerScore(row: ResultRow): UserScore =
        UserScore(
            id = row[UserScores.id].value,
            user = row[UserScores.user],
            score = row[UserScores.score]
        )

}
```

其中特別提出來說的是更新時的這段程式碼：

```
UserScores.update({ (UserScores.user eq data.user) and (UserScores.
                                    score less data.score) })
```

我們會進行比對資料庫的 user 欄位跟傳入的 user 資料是否相同，以及資料庫的分數是否比傳進來新的資料分數還要小，若符合此條件才會真正更新分數。

資料庫建立及連線設定

資料庫的建立跟連線需要安裝兩個套件，連接 MySQL 的「JDBC Driver」跟「HikariCP」。

```
implementation 'mysql:mysql-connector-java:8.0.19'
implementation "com.zaxxer:HikariCP:3.4.5"
```

我們再建立一個資料夾「database」，就把資料庫的初始跟設定連接放在這裡，然後建立一個「DatabaseFactory.kt」，裡頭就是連接我們上一篇建好的 MySQL server 位置。

DatabaseFactory.kt

```
object DatabaseFactory {

    fun init() {
        Database.connect(hikari())
    }

    fun createTable(){
        transaction {
            SchemaUtils.create(UserScores)
        }
    }

    private fun hikari(): HikariDataSource {
```

```
        val config = HikariConfig()
        config.driverClassName = "com.mysql.cj.jdbc.Driver"
        config.jdbcUrl = "jdbc:mysql://localhost:3306/mygame"
        config.username = "xxxxx"
        config.password = "xxxxx"
        config.validate()
        return HikariDataSource(config)
    }

}
```

此處的「HikariConfig」就是要填寫你的 MySQL Server 的「連線位置跟帳號密碼」。

```
config.driverClassName = "com.mysql.cj.jdbc.Driver"
config.jdbcUrl = "jdbc:mysql://localhost:3306/mygame"
config.username = "xxxxx"
config.password = "xxxxx"
```

以上全部都準備好後，在 IntelliJ 專案排行榜的程式結構會長這樣（如圖 4.3-2）：

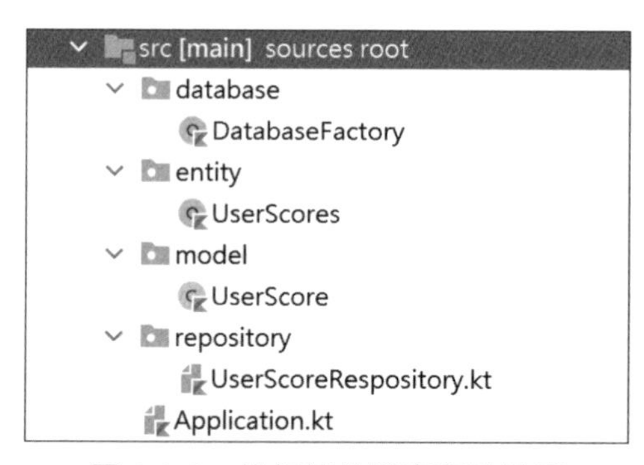

圖 4.3-2　排行榜的檔案資料結構

實際連線

前面的設定都準備好的話，就可以在每次 Ktor 程式的進入點「fun Application.module()」裡呼叫資料庫的初始化跟建立 Table 的。不用擔心已經建立過的 Table 又再建立會出現問題，這裡如果有建立過的 Table 再呼叫會略過保留原先的 Table。

main.kt

```
fun Application.module(testing: Boolean = false) {
    DatabaseFactory.init()// 資料庫的初始化
    DatabaseFactory.createTable()// 建立 Table
}
```

用「gradle run」將 Ktor 程式執行起來，接著開啟你的 MySQL Workbench 來看看，確認是不是「UserScores」的 Table 跟欄位就被建立起來了（如圖 4.3-3）。

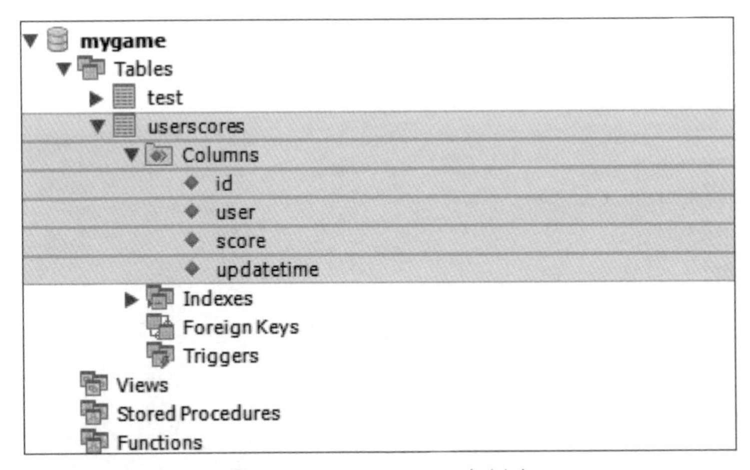

圖 4.3-3　UserScore 資料表

雖然還沒塞資料進去，但是如果你下查詢指令，可以看到欄位的名稱（如圖 4.3-4）。

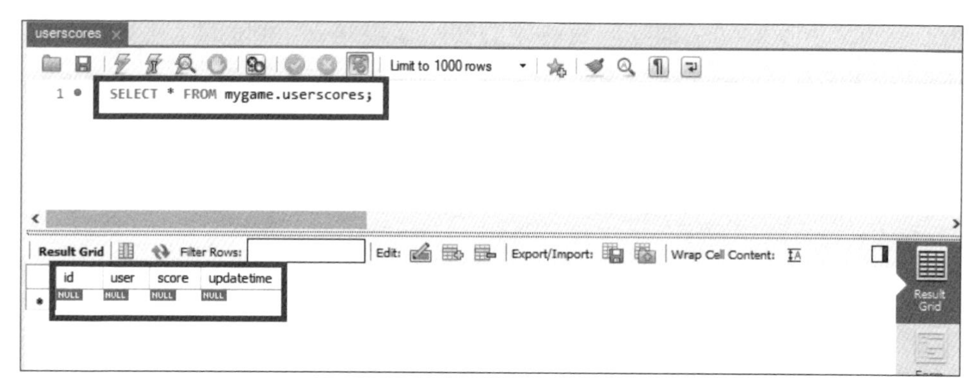

圖 4.3-4　查詢 UserScores 資料

新增、更新、查看排行榜資料

已經確定能建立「UserScores」的資料表了，也可以呼叫新增和更新還有查看排行榜的功能，以下就先在 get("/") 裡寫個簡單的測試程式來驗證結果。

Application.kt

```
fun Application.module(testing: Boolean = false) {
    DatabaseFactory.init()//資料庫的初始化
    DatabaseFactory.createTable()//建立 Table
    routing {
        get("/") {
            testData()
            call.respondText("HELLO WORLD!", contentType =
                                                   ContentType.Text.Plain)
        }
    }
}
```

```
suspend fun testData(){
    val repository = UserScoreRepository()
    repository.add(UserScore(user="yaya", score=77))// 新增
    val insertResult = repository.get()
    for(data in insertResult){
        System.out.println("new data:${data}")
    }
    repository.update(UserScore(user="yaya", score=88))// 更新

    val updateResult = repository.get()// 查詢
    for(data in updateResult){
        System.out.println("update data:${data}")
    }
}
```

當然執行程式，拜訪「http://0.0.0.0:8080」後你可以到 IDE 的 Run 視窗，看到新增和更新的 log。

```
new data:UserScore(id=1, user=yaya, score=77)
update data:UserScore(id=1, user=yaya, score=88)
```

接著再去用 MySQL Workbench 的結果看確實最後的結果是記到 yaya 得到 88 分（如圖 4.3-5）。

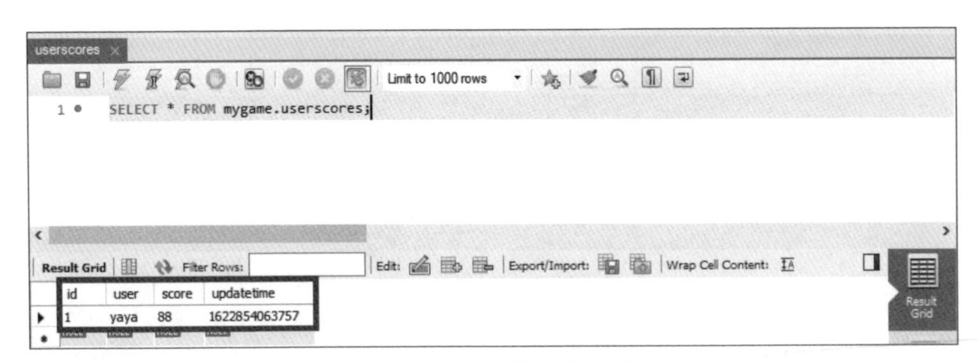

圖 4.3-5　建立一筆排行榜記錄

現在已經學會怎麼在 Ktor 使用「Exposed」建立資料庫以及連線資料庫，然後對資料庫進行存取了，也把排行榜的功能實作出來了，其中包括建立、更新、查詢，接下來就是要介紹怎麼在 Ktor 後端寫出 API 讓我們的 KorGE 能呼叫進行連線囉。

參考連結

- https://github.com/JetBrains/Exposed

4.4 設計遊戲 API

排行榜資料庫準備好了，可以開始來設計前端需要呼叫後端的程式部分，也就是玩家需要的上傳分數跟取得排行榜的功能。

上傳分數的使用情境

玩家 yaya 玩完結束一回合遊戲後，進行分數上傳分數 88 分，伺服器收到後，將會先拿 yaya 的玩家名稱到遊戲資料庫查找是否已經建立過了遊戲分數，如果還沒建立，就會先新增一筆 yaya 的遊戲分數，若建立過了就會比對更新儲存的資料，決定是否更新該筆紀錄（如圖 4.4-1）。

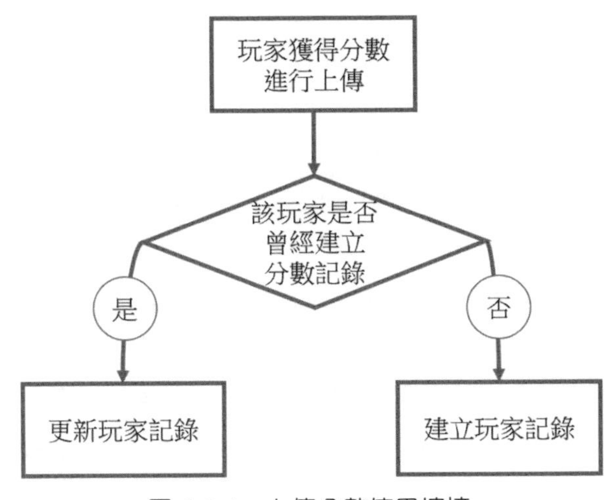

圖 4.4-1　上傳分數使用情境

上傳分數 API 設計

把上傳分數的邏輯判斷部分放至所謂「Service」層，負責接受上層的「API」呼叫的資料，把資料進行處理之後再跟「Repository」層連結。因此建立一個「Service」資料夾，再新建一個「UserService.kt」的檔案（如圖 4.4-2）。

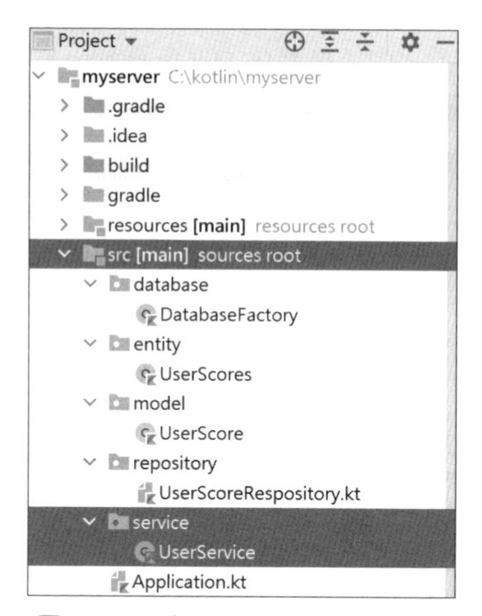

圖 4.4-2　建立 UserService.kt 檔案

這裡就回頭看（圖 4.4-1），來寫上傳情境的判斷式，寫一個「fun saveScore」先判斷玩家 user 是否有存在在資料庫內，不存在就往右邊的情境去新增玩家資料，存在的話就往左邊的情境更新玩家資料。

service/UserSerivce.kt

```
class UserScoreService {

    val userScoreRepository = UserScoreRepository()
    suspend fun saveScore(data: UserScore) {
        if(userScoreRepository.get(data.user) == null){
            //是否曾經建立過玩家分數記錄
            userScoreRepository.add(data)//是，建立玩家分數
        }else{
            userScoreRepository.update(data)
            //否，已經存在玩家分數，可直接更新分數
        }
    }
}
```

配合「UserSerivce」的程式判斷，要在 UserScoreRepository.kt 再補上用「user」名稱去查詢玩家分數資料的方法。

respository/UserScoreRepository.kt

```
suspend fun get(user:String):UserScore?{
    return transaction {
        UserScores.select({UserScores.user eq user}).mapNotNull {
            toUserScore(it)
        }.singleOrNull()
    }
}
```

再來要設計給前端呼叫的 API 路徑，我們設計取名為「uploadScore」，然後建立一個「api」資料夾，把所有的 API 設計都放此，接著建立一個新的檔案「UserScoreAPI.kt」(如圖 4.4-3)。

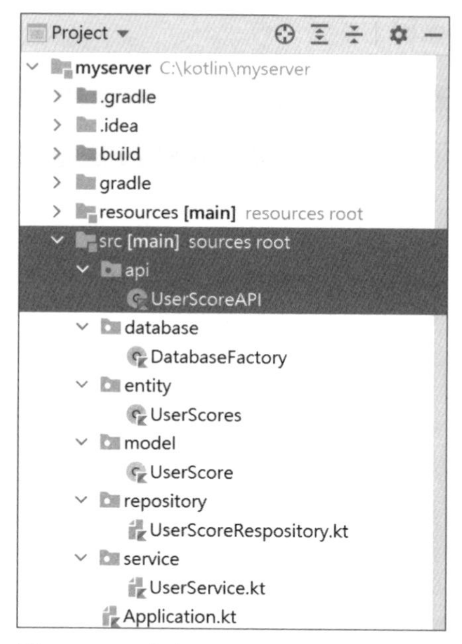

圖 4.4-3　建立 UserScoreAPI.kt 檔案

api/UserScoreAPI.kt

```
fun Route.UserScoreAPI() {
    post("/uploadScore") {// 上傳分數 API
        var data = Gson().fromJson(call.receive<String>(),
                                                UserScore::class.java)
        if (data == null) {
            call.respond(HttpStatusCode.BadRequest, "玩家資料不存在")
        }else {
            UserScoreService().saveScore(data)
            call.respond(HttpStatusCode.OK)
        }
    }
}
```

在 UserScoreAPI.kt 接收到前端呼叫「uploadScore」後，會先將傳入的 JSON 資料轉型成「UserScore」，然後再判斷上傳的玩家 user 資料是否是空資料，是空資料的話會回傳「玩家資料不存在」的訊息，若有資料的話則會進行更新分數的流程，並會回傳 OK 給前端。

取得排行榜的使用情境

玩家 yaya 玩完結束一回合遊戲後，上傳分數成功，進到排行榜畫面，會跟伺服器詢問目前的玩家排名，會在畫面上顯示當下全部玩家的排名跟分數（如圖 4.4-4）。

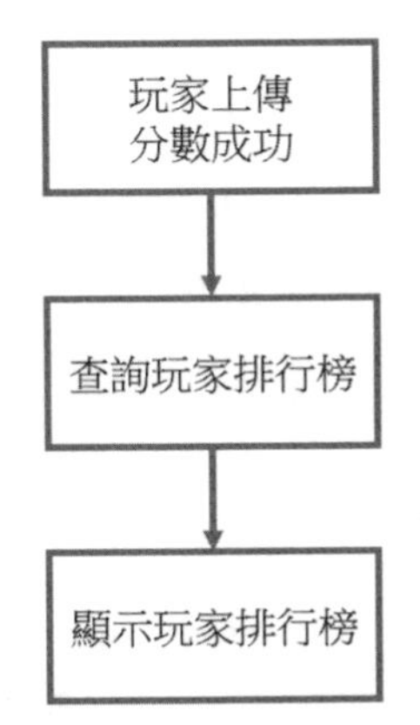

圖 4.4-4　取得排行榜的使用情境

取得排行榜 API 設計

把取得排行榜的程式邏輯一樣寫在 UserScoreService.kt 裡，只要呼叫一行「userScoreRepository.get()」就能把上一小節的「/repository/UserScoreRepository.kt」寫好的取得遊戲資料庫全玩家的資料讀出來。

service/UserSerivce.kt

```
class UserScoreService {
    val userScoreRepository = UserScoreRepository()

    suspend fun saveScore(data: UserScore) {...}// 上傳分數

    suspend fun getRankList():List<UserScore> {// 取得排行榜
        return userScoreRepository.get()
    }
}
```

API 的路徑名稱取名為「getRankList」，一樣是寫在「/api/UserScoreAPI.kt」裡面。

api/UserScoreAPI.kt

```
fun Route.userScore() {
    post("/uploadScore") {...}// 上傳分數 API

    get("/getRankList") {// 取得排行榜 API
        call.respond(HttpStatusCode.OK, UserScoreService().getRankList())
    }
}
```

上面寫好的「UserScoreService().getRankList()」，回傳 List 的陣列，就完成這隻 API 的功能了。

測試 API 的前置作業

寫好了 API 當然要簡單測試一下，先確認這些功能是能執行無誤，就用最快的手動呼叫 API 來達成。但是要先裝一下一個「gson」套件，否則伺服器回傳 HTTP Response 時會出現無法將資料正確顯示的錯誤，所以需要在「build.gradle」內加上這一段。

build.gradle

```
implementation "io.ktor:ktor-gson:$ktor_version"
```

接著在 Application.kt 的「Application.module()」內要加入以下程式。

```
install(ContentNegotiation){
    gson()
}
```

還要補上的部分是把在「/api/UserScoreAPI.kt」的「Route.UserScoreAPI」內容，放在「Application.kt」的「Application.module()」內，這樣 API 路徑才會被載入。

Application.kt

```
fun Application.module(testing: Boolean = false) {
    install(ContentNegotiation){
        gson()
    }
    DatabaseFactory.init()// 資料庫的初始化
    DatabaseFactory.createTable()// 建立 Table

    routing {
        UserScoreAPI()// 載入 UserScoreAPI 的路徑
    }
}
```

也要記得先呼叫「gradle run」讓自己的本機端的伺服器服務跑起來。

測試取得排行榜 API

測試「HTTP GET」的部分比較容易，用網頁打上路徑「http://localhost:8080/getRankList」就能測出來（如圖 4.4-5）。

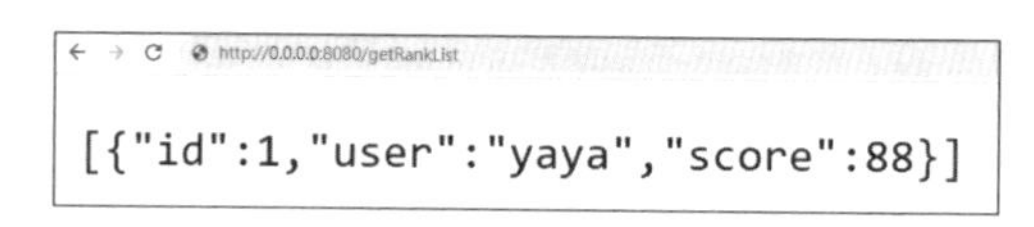

圖 4.4-5　直接存取網頁取得排行榜資料

測試上傳分數 API

測試「HTTP POST」的話，沒辦法直接用網頁呼叫，所以還是推薦各位去下載「Postman」來呼叫 API 了。下載位置：「https://www.postman.com/downloads/」（如圖 4.4-6）。

下載 Postman APP 打開之後，需要先註冊帳號登入才能使用，若想要快速登入，可以用 Google 帳號登入就能直接使用了。

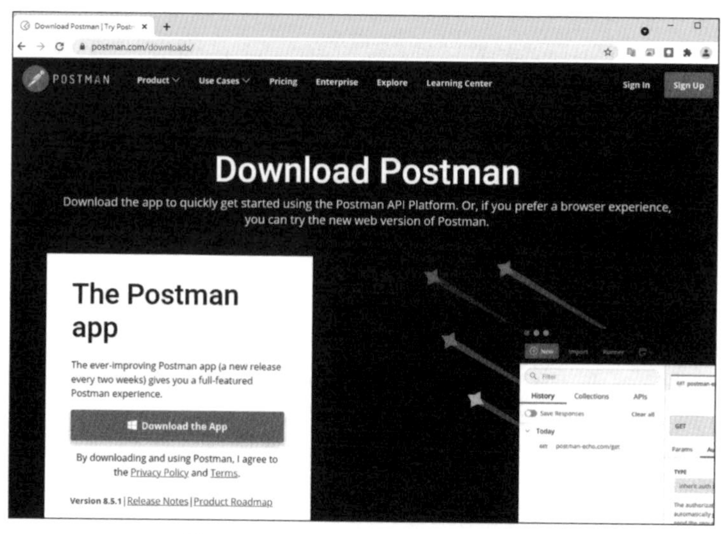

圖 4.4-6　Postman 下載位置網頁

進入到 Postman 畫面後就直接找「Workspace」的 Tab，建立一個「新的 WorkSpace」，可以取名為「mygame」(如圖 4.4-7)。

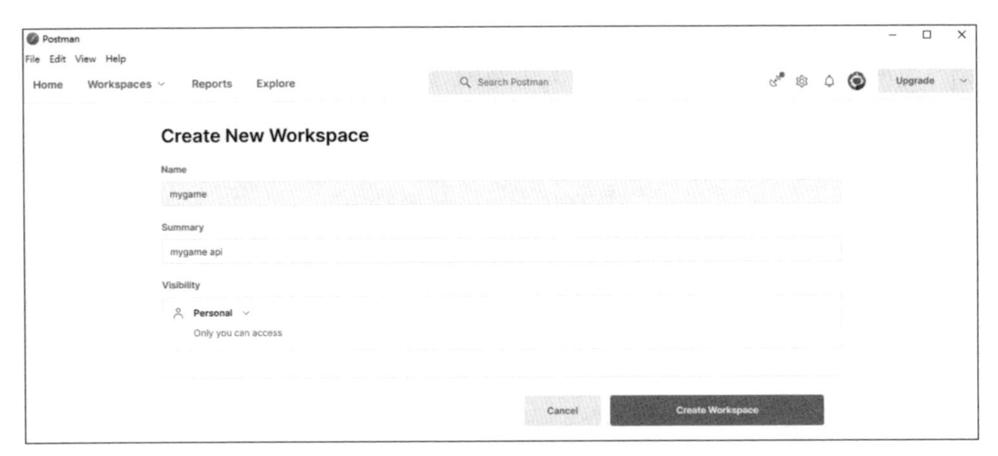

圖 4.4-7　Postman 建立 mygame 的 Workspace

建立完「WorkSpace」後，找到畫面上的「＋加號」，或是在「Get started」找到「Create a request」。選一個方式點下去，就能建立一個「新的 HTTP Request」的要求畫面了（如圖 4.4-8）。

圖 4.4-8　Postman 建立新的 HTTP Request 的位置

新的「HTTP Request」畫面出來後，可以開始填寫呼叫的 API 內容，依序填上 API 位置「http://localhost:8080」跟上傳需要的「UserScore」的 JSON 格式資料，選擇「Body → raw →類型要選 JSON」，按下「Send」後，就能收到「200 OK」的回傳了（如圖 4.4-9）。

上傳 UserScore 的資料

```
{
    "user":"yaya",
    "score":100
}
```

圖 4.4-9　Postman 送出 HTTP POST Request

當然「HTTP GET」也能用 Postman 呼叫，試著驗證剛剛的 POST 呼叫的結果，果然就能收到 yaya 本來是 88 分變成 100 分了，表示更新分數成功（如圖 4.4-10）。

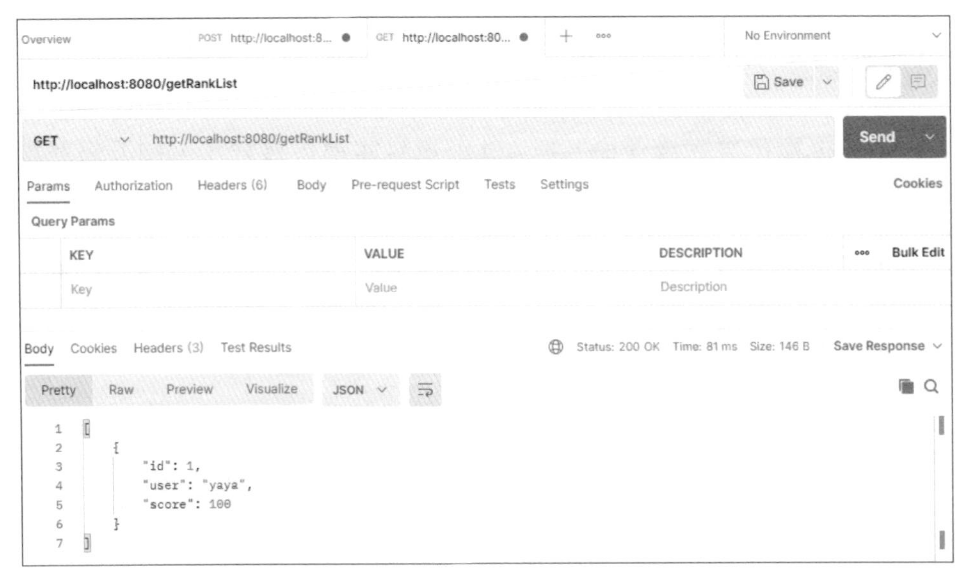

圖 4.4-10　Postman 送出 HTTP GET Request

終於把後端的遊戲資料庫存取跟給玩家的前端需要的 API 都設計好了！離整個遊戲設計完成的距離不遠了，接下來我們只要在 KorGE 裡把設計好的這兩隻 API 串接起來，剩下的遊戲排行榜畫面就要指日可待！期待下一章節在前端的 KorGE 串接 API 介紹了。

什麼是 HTTP 的 GET 跟 POST?

HTTP 中文翻作（超文本傳輸協定）就是一種前端（客戶端）跟後端（伺服器端）溝通的協定，而 GET 跟 POST 只是 HTTP 協定中請求的方法，GET 方法常用在讀取資料，通常也會夾帶參數一起送出請求；而 POST 方法則通常應用在提交資料給後端，例如要更新資料或是上傳檔案。這也是為什麼在設計排行榜的上傳分數會用 POST 方法，而下載分數使用 GET 方法。

更多細節可參考 https://zh.wikipedia.org/wiki/http。

鴨鴨助教的補充

4.5 串接前端與後端

Ktor 後端已經完成使命，把 API 跟資料庫都串接好了，接下來就換 KorGE 的前端部分來串接 API 跟後端伺服器整合囉。這裡鴨鴨助教先畫一張前端的 KorGE 跟後端的 Ktor 的資料傳輸關係圖，讓大家有個圖像化的概念來了解這兩端（如圖 4.5-1）。

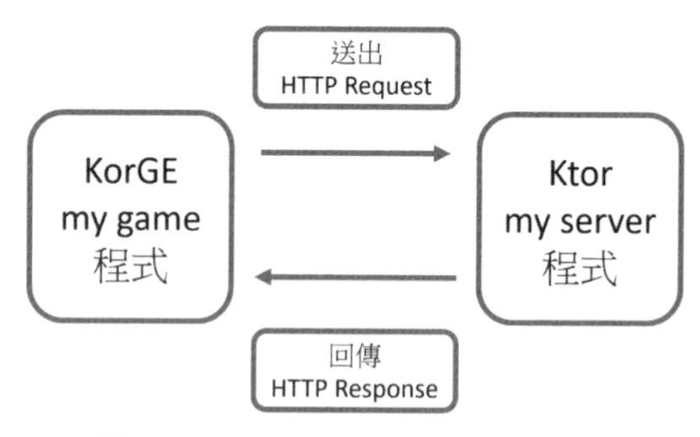

圖 4.5-1　前端與後端資料傳輸資料

鴨鴨助教的碎碎念

鴨鴨助教提醒大家，這時我們已經要回到前端 KorGE 的開發專案進行 API 的串接，所以打開在第二章跟第三章做好的前端程式碼，不要搞錯寫到 Ktor 後端專案了。

準備分數資料上傳

前端程式準備玩家的分數上傳也是需要用到「UserScore」的類別來表示，所以在 KorGE 的專案建立「/src/commonMain/model」的資料夾，建立新的檔案「UserScore.kt」（如圖 4.5-2）。

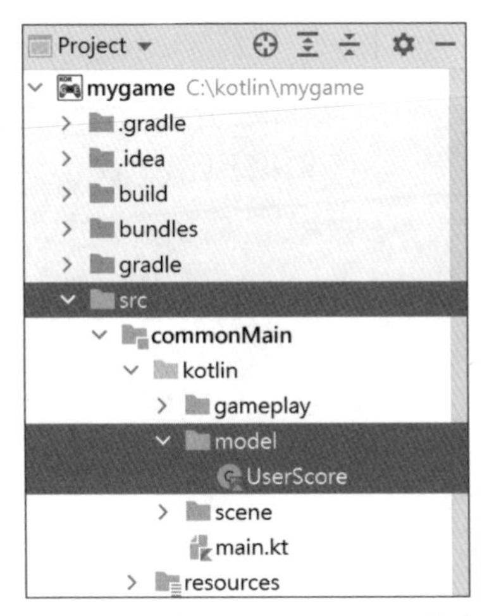

圖 4.5-2　建立 UserScore.kt 檔案

UserScore.kt

```
import kotlinx.serialization.Serializable

@Serializable
data class UserScore(var id: Long? = null, var user: String, var
                                                        score: Int)
```

這邊的 UserScore 物件需要加上「@Serializable」序列化，目的是要準備轉換成 JSON 格式的字串，這樣才能用 JSON 格式傳送給後端伺服器處理資料或是接收來自後端傳來的回傳資料要 JSON 格式轉回 UserScore 物件。而設定的部分要在「build.gradle.kts」多加上序列化需要的依賴套件，程式才能正常編譯不會出現錯誤。

build.gradle.kt

```
plugins {
    kotlin("multiplatform") version "1.5.0"
    kotlin("plugin.serialization") version "1.5.0"
}

korge {
    dependencyMulti("org.jetbrains.kotlinx:kotlinx-serialization-json:1.2.1")
}
```

分數上傳 API

API 程式碼的部分就都歸類放在名稱在 api 的資料夾裡，因此在 KoreGE 專案建立「/src/commonMain/api」的資料夾，也順便把新的檔案「UserScoreAPI.kt」產生（如圖 4.5-3）。

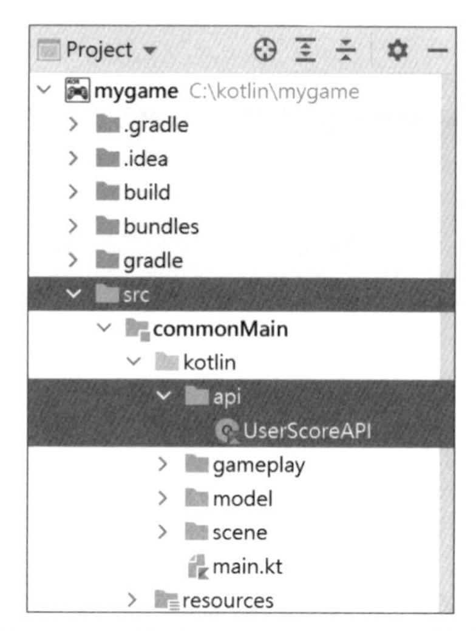

圖 4.5-3　建立 UserScoreAPI.kt 檔案

UserScoreAPI.kt

```
object UserScoreAPI {
    suspend fun upload(data: UserScore){// 分數上傳 API
    }
    suspend fun getRankList(){// 取得排行榜 API
    }
}
```

接著開始寫呼叫上傳分數的方法「fun upload(data:UserScore)」，這裡使用了「HttpClient().requestAsString」的方法，然後呼叫的類型是 POST：「method = Http.Method.POST」，位置是：「url = "http://localhost:8080/uploadScore"」，傳入的內容就是「Json.encodeToString(UserScore.serializer(), data) .openAsync()」，也就是前面說的要把玩家分數物件轉為 JSON 字串的部分。

```
suspend fun upload(data: UserScore) {// 分數上傳 API
    val content = Json.encodeToString(UserScore.serializer(),data)
    val result = HttpClient().requestAsString(
        method = Http.Method.POST,
        url = "http://localhost:8080/uploadScore",
        content = content.openAsync()
    )
    if (result.success) {
        println(" 更新分數成功 ")
    }
}
```

如果 HTTP Request 成功，收到伺服器回傳，程式就會用 println 方法在 IDE 的 Run console 印出「更新分數成功」。

取得排行榜 API

取得排行榜的方法「fun getRankList()」相對上傳分數簡單，因為不用特別要帶入 UserScore 的資料，只要單純呼叫就好。所以一樣使用「HttpClient().requestAsString」的方法，然後呼叫的類型是 GET：「method = Http.Method.GET」，位置是：「url = "http://localhost:8080/getRankList"」。

```
suspend fun getRankList() {// 取得排行榜 API
    val result = HttpClient().requestAsString(method = Http.Method.
GET, url = "http://localhost:8080/getRankList")
    if (result.success) {
        println("取得排行榜成功 data:${result.content}")
    }
}
```

如果 HTTP Request 成功，收到伺服器回傳，就在 console 印出取得「排行榜成功」，而且排行榜是會回傳排行榜資料，所以還會把回傳內容印出。

測試呼叫 API

我們可以先把呼叫 API 的部分先放 Demo.kt 的「Container.sceneInit()」裡頭或是任何程式會跑過的地方，先測試看看 console 會不會印成功（鴨鴨助教提醒，記得要把 Ktor 的專案執行「gradle run」，讓後端的程式保持運作狀態，否則沒有伺服器會接受 KorGE 呼叫的請求）。

```
launch {
    UserScoreAPI.upload(UserScore(user = "yaya", score = 100))
    UserScoreAPI.getRankList()
}
```

執行結果可以看到「uploadScore」跟「getRankList」都回應成功，表示在 KorGE 呼叫 Ktor 的 API 成功了（如圖 4.5-4）。

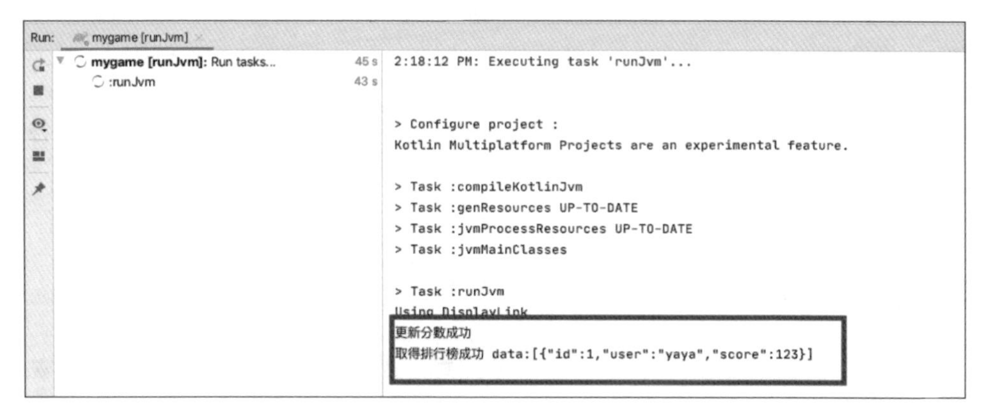

圖 4.5-4　呼叫上傳跟取得排行榜 API 成功

遊戲的資料從玩家在玩的本機 (前端) 上傳，以及由伺服器後端接收 API 的呼叫跟資料庫處理產生排行榜的一連串動作，鴨鴨助教已經都講解練習完畢，排行榜最後的設計將在下一小節結束了。

4.6 整合遊戲

經歷了 Ktor 後端的開發跟前一小節的前端 KorGE 串接 API，這些動作都是在寫程式默默地在背後做事，是不是有點想念生動的遊戲畫面了呢？ 這一回就要把最最最後的排行榜畫面整合 API，真的要把遊戲的排行榜呈現在各位眼前了。

準備測試資料

通常我們在遊戲上線前，不會實際去跑遊戲的回合來產生資料，而是會針對要測試的功能去產生需要的資料，就有如現在需要排行榜的呈現，至少要有兩個以上的玩家資料，才能有排行的效果。因此這邊鴨鴨助教就試著再產生另外兩筆不同玩家的名稱跟分數，來達到測試排行榜呈現的功能。

用 MySQL Workbench 產生測試資料

產生測試資料的方式有兩種，一是直接從 MySQL 資料庫直接建立新的記錄直接下 MySQL 新增指令將測試資料寫入（如圖 4.6-1）。

```
# 新增 user:korge score:99
INSERT INTO 'mygame'.'userscores'
('user',
'score',
'updatetime')
VALUES
('korge','99', now());

# 新增 user:kotlin score:98
INSERT INTO 'mygame'.'userscores'
```

```
('user',
'score',
'updatetime')
VALUES
('kotlin','98', now());
```

```
userscores
Limit to 1000 rows
1   INSERT INTO `mygame`.`userscores`
2   (`user`,
3   `score`,
4   `updatetime`)
5   VALUES
6   ('korge','99', now());
7
8   INSERT INTO `mygame`.`userscores`
9   (`user`,
10  `score`,
11  `updatetime`)
12  VALUES
13  ('kotlin','98', now());
```

圖 4.6-1　用 MySQL 指令新增測試資料

用 Postman 產生測試資料

若對 MySQL 操作還是很陌生，可以直接用前一章節介紹的 Postman 呼叫上傳分數的 API 來產生新玩家分數測試資料（如圖 4.6-2）。

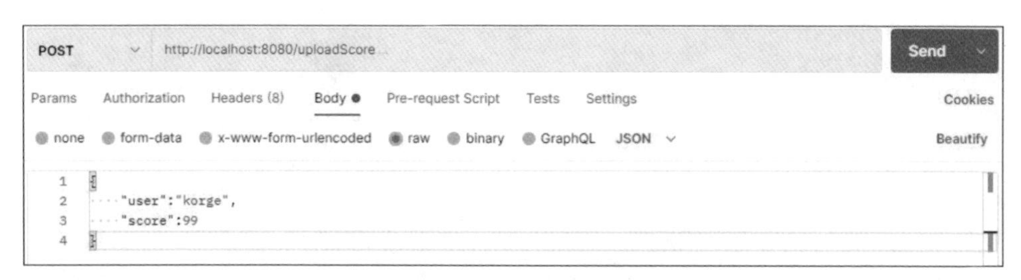

圖 4.6-2　用 Postman 新增測試資料

這兩種方法最終都可以達到產生測試資料的目的。

排行榜 UI

有了至少三筆的測試資料後（一開始的 yaya 分數，跟剛剛產生的 korge 及 kotlin 分數），現在只差在 KorGE 專案的「Rank.kt」加入上傳跟下載資料的程式碼，以及把排行榜的畫面寫出來。

上傳自己的最高分數

把本機儲存的最高分數呼叫上傳 API 給後端伺服器接收處理。

```
UserScoreAPI.upload(UserScore(user = "yaya", score =
                                        getHighestScore()))
```

下載排行榜資料

接著再呼叫下載排行榜 API，獲得大家的排行榜資料。

```
val rankList= UserScoreAPI.getRankList()
```

而呼叫回傳的內容 KorGE 程式接收將會是如下的 JSON 格式。

```
[{
 "id": 1,
 "user": "yaya",
 "score": 100
}, {
 "id": 2,
 "user": "korge",
 "score": 99
}, {
 "id": 3,
 "user": "kotlin",
 "score": 98
}]
```

因此這裡的「getRankList()」方法就還需要加上「List<UserScore>」的回傳值，才能在排行榜畫面對處理資料，所以在 UserScoreAPI.kt 部分做了一些程式的更動，主要是要將接收的排行榜 JSON 格式檔案轉換成 List<UserScore> 的物件。

```
suspend fun getRankList():List<UserScore> {// 取得排行榜 API
    val result = HttpClient().requestAsString(method = Http.Method.
                     GET, url = "http://localhost:8080/getRankList")
    return if (result.success) {
        println(" 取得排行榜成功 data:${result.content}")
        Json.decodeFromString(result.content)
    } else {
        listOf()
    }
}
```

讀取排行榜分數並呈現

開始讀取排行榜回傳轉型好的 List<UserScore> 資料後，把排名、名稱跟分數畫在排行榜畫面上。

Rank.kt

```
// 上傳分數
UserScoreAPI.upload(UserScore(user = "yaya", score = getHighestScore()))

// 下載排行榜資料
val rankList = UserScoreAPI.getRankList()
var upperObject = resultString// 在至頂的物件參考，我的最高分數 image

var index = 1
for (data in rankList) {
    val nameString = "$index: ${data.user}" // 排名、名稱字串
```

```
    val nameBitamp = NativeImage(width = 200, height = 100).apply {
        getContext2d().fillText(
            nameString,
            x = 0,
            y = fontSize,
            font = ttfFont,
            fontSize = fontSize,
            color = Colors.BLACK)
    }
    //玩家的名字 image
    val rankResultImage = image(nameBitamp) {
        alignTopToBottomOf(upperObject)
        alignLeftToLeftOf(upperObject)
    }
    //加入該玩家的分數
    Score().apply {
        load()
        parentView.addChild(this)
        initPosition()
        nowValue = data.score
        update()
        alignTopToBottomOf(upperObject)
        alignLeftToRightOf(rankResultImage)
        }
        upperObject = rankResultImage//換該玩家的名字 image 當作至頂參考目標
        index ++//名次加 1
    }
}
```

畫面的「Next」按鈕也要跟著排行榜加入，把它先放置到畫面的最右下角。

```
//加上下一步按鈕
image(resourcesVfs["next.png"].readBitmap()) {
    alignBottomToBottomOf(parentView)
    alignRightToRightOf(parentView)
```

```
        onClick {
            launchImmediately {
                sceneContainer.changeTo<Menu>()
            }
        }
    }
```

實際執行後的排行榜畫面就出爐了（如圖 4.6-3）！（有點醜醜的工程版…）。

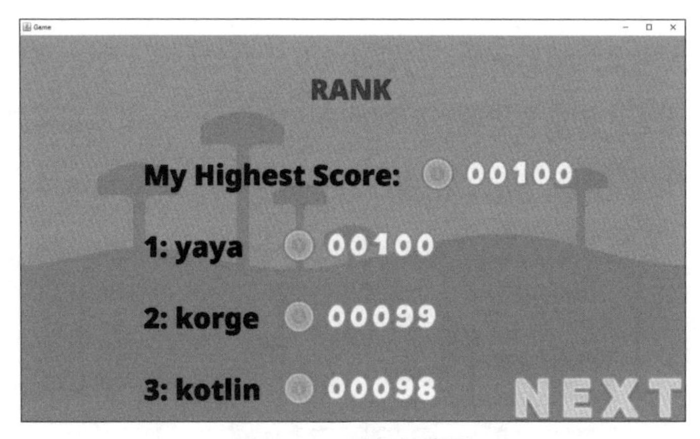

圖 4.6-3　排行榜畫面

鴨鴨助教的碎碎念

鴨鴨助教在處理前端跟後端的資料轉換吃了不少苦頭（困住好幾天），原本的 KorGE 其實內建有提供 JSON 格式的方法，但發現怎麼轉換都沒辦法正確把回傳的 JSON String 轉型成為 List。 反而出現這個錯誤，「java.lang.ClassCastException: java.util.LinkedHashMap cannot be cast to model.UserScore」。本來想要用 GSON 套件來做 JSON 跟型別轉換，但是都還是會出現編譯錯誤，最後才找到解決方法就是要將 UserScore 進行序列化，才能正常轉型。

4.7 總結

這一篇章主要介紹了 Ktor 在後端伺服器的運用，包含怎麼安裝 Plugin，建立新的 Ktor 專案，以及建置 MySQL 資料庫；接著用 Exposed 寫了跟資料庫存取的程式，還有設計給前端 KorGE 需要的上傳分數跟下載排行榜分數的 API。最後終於整合了 KorGE 跟 Ktor 這兩種由 Kotlin 打造的遊戲引擎跟 Web 框架的兩個專案（mygame 跟 myserver），完成了一個跑酷的小遊戲的雛型。

可以再回頭看看遊戲架構（如圖 4.7-1），我們確實一步一腳印把整個架構都練習完畢了。相信有想像力的跟創造力的你們，一定可以設計的比鴨鴨助教還要更棒的遊戲出來，非常期待各位的發揮。

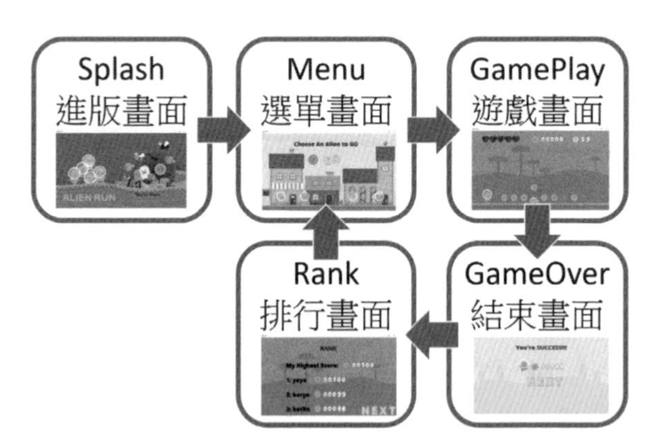

圖 4.7-1　外星人跑酷遊戲架構圖

CHAPTER

遊戲整合發佈篇

不管是前端的 KorGE 遊戲設計，或是後端的 Ktor 伺服器設計，目前都是在自己的電腦上進行開發，但是要怎麼把這些設計好的程式，交付給認識的朋友，或是想要真正變成產品給網友使用？這一章節正是要介紹大家怎麼把設計好的遊戲程式發佈，就繼續跟著鴨鴨助教往前看下去囉。

5.1 發佈至不同平台

用 KorGE 開發遊戲的優點之一是可以跨平台，可以輸出到「桌機、Web 網頁跟 Mobile 手機」，所以鴨鴨助教就要來介紹怎麼把做好的外星人跑酷遊戲輸出到這些平台上執行囉。

輸出到桌機

我們開發基本上就是輸出執行檔在本機上，所以各位已經很熟悉這個指令。

執行指令

```
./gradlew runJvm
```

執行結果

圖 5.1-1　KorGE 專案輸出到桌機

產生 JAR 檔案

若想要打包成「JAR 執行檔」傳給其他人測試看看，可以用以下指令。

```
./gradlew packageJvmFatJar
```

產生的 JAR 檔案將會在「mygame」專案「/build/libs」(如圖 5.1-2)。

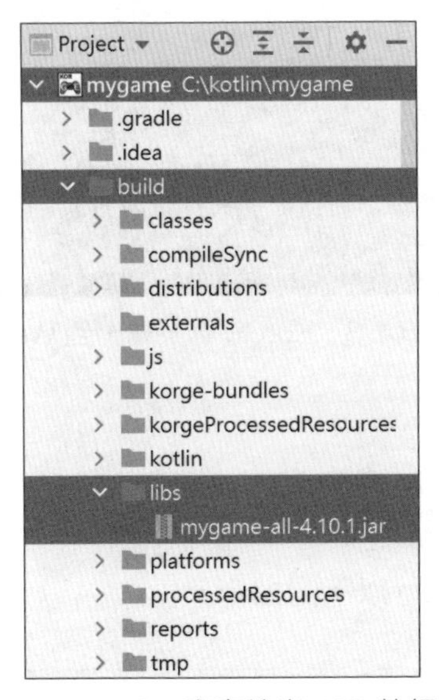

圖 5.1-2　KorGE 專案輸出 JAR 執行檔案

輸出到 Web

只要輸入以下「gradle」指令，IDE 就會自動幫你把測試的 Web Server 叫起來執行。

執行指令

```
./gradlew runJs
```

執行結果

圖 5.1-3　KorGE 專案輸出到 Web

產生發佈的檔案

如果之後想要把程式能放在網路上給其他人執行，就需要將 KorGE 專案的內容打包發佈，就要執行以下的指令。

```
./gradlew jsBrowserDistribution
```

KorGE 專案打包成 Web 可以執行的內容將會出現在「/build/distributions」資料夾內（如圖 5.1-4）。

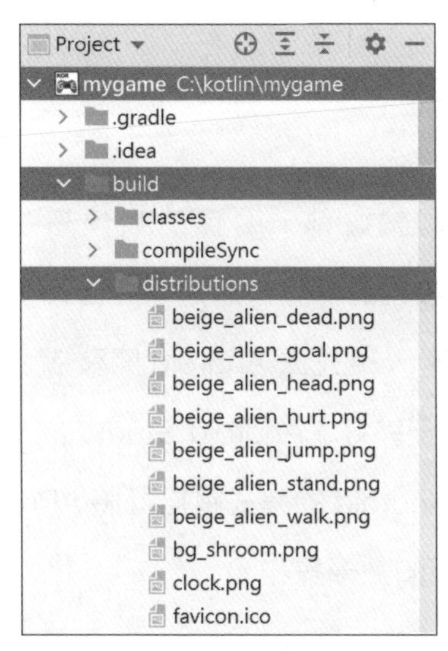

圖 5.1-4　KorGE 專案輸出 Web 執行內容

這時只要把這個資料夾放在你自行建立好的 Web Server 上，就能把程式在雲端上執行起來，而該怎麼把程式上雲端，鴨鴨助教將留在（5.3 小節）告訴各位。

瀏覽器需要加入 Access-Control-Allow-Origin 的套件

當程式執行到分數上傳時，畫面會突然卡住無法執行成功。這時就要開啟瀏覽器上的開發人員工具進行偵測找錯誤，會發現以下錯誤：

Access to XMLHttpRequest at 'http://localhost:8080/uploadScore' from origin 'http://localhost:8080' has been blocked by CORS policy: No 'Access-Control-Allow-Origin' header is present on the requested resource.

這時只要找到瀏覽器的 Access-Control-Allow-Origin 套件（Plugin）安裝後，就能正常執行了。

鴨鴨助教的補充

輸出到 Android

前置準備動作

在輸出到 Android 測試之前，鴨鴨助教建議各位先去裝好「Android Studio」，因為有些專案設定的部分，還是需要自行手動修改，所以為了能順利在 Android 裡執行起來，請先去 Android 開發者網頁「https://developer.android.com/studio」先安裝好「Android Studio」，也建議想要輸出 Android 的讀者已經有寫過一些 Android 的程式跟自行將 APK 檔案裝到手機的經驗，才比較瞭解鴨鴨助教以下的教學操作。

執行指令

將準備好的測試 Android 手機（需要已經開啟開發者人員選項的 USB 偵錯模式）或是在「Android Studio」建一個模擬器執行起來，然後在 KorGE 專案執行下列指令就會自動幫你裝進去。

```
./gradlew installAndroidDebug
```

手動修改部分

KorGE 專案輸出的 Android 專案位置會產生在「/mygame/build/platforms/android」裡（如圖 5.1-5）。

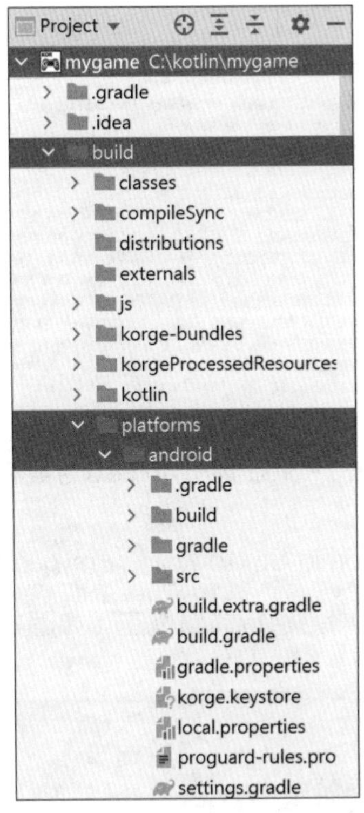

圖 5.1-5　KorGE 輸出的 Android 專案位置

因為 KorGE 輸出的 Android 專案，不會更改 App 的名稱以及 App 的 Icon，所以要自己額外去修改「AndroidManifest.xml」的設定。而且似乎好像會產生兩個 MainAcitivity.kt 檔案，還有「serialization」以及「Json」的套件都沒有產生到 Android 的「gradle」檔案裡，所以造成編譯執行時會發生錯誤（如圖 5.1-6）。

```
> Task :android:compileDebugKotlin FAILED

> Task :installAndroidDebug FAILED

Deprecated Gradle features were used in this build, making it incompatible with Gradle 7.0.
Use '--warning-mode all' to show the individual deprecation warnings.
See https://docs.gradle.org/6.8.1/userguide/command_line_interface.html#sec:command_line_warnings
8 actionable tasks: 5 executed, 3 up-to-date
e: C:\kotlin\mygame\build\platforms\android\src\main\java\MainActivity.kt: (5, 7): Redeclaration: MainActivity
e: C:\kotlin\mygame\src\commonMain\kotlin\api\UserScoreAPI.kt: (6, 16): Unresolved reference: serialization
e: C:\kotlin\mygame\src\commonMain\kotlin\api\UserScoreAPI.kt: (7, 16): Unresolved reference: serialization
e: C:\kotlin\mygame\src\commonMain\kotlin\api\UserScoreAPI.kt: (8, 16): Unresolved reference: serialization
e: C:\kotlin\mygame\src\commonMain\kotlin\api\UserScoreAPI.kt: (17, 23): Unresolved reference: Json
e: C:\kotlin\mygame\src\commonMain\kotlin\api\UserScoreAPI.kt: (32, 13): Unresolved reference: Json
e: C:\kotlin\mygame\src\commonMain\kotlin\model\UserScore.kt: (3, 16): Unresolved reference: serialization
e: C:\kotlin\mygame\src\commonMain\kotlin\model\UserScore.kt: (5, 2): Cannot access 'Serializable': it is internal in 'kotlin.io'
e: C:\kotlin\mygame\src\commonMain\kotlin\model\UserScore.kt: (5, 2): This class does not have a constructor
e: C:\kotlin\mygame\src\main\java\MainActivity.kt: (5, 7): Redeclaration: MainActivity

FAILURE: Build failed with an exception.
```

圖 5.1-6　KorGE 輸出 Android 專案編譯失敗

這時只能先打開「Android Studio」，把「/mygame/build/platforms/android」裡的 Android 專案匯入，開始進行問題修正（如圖 5.1-7）。

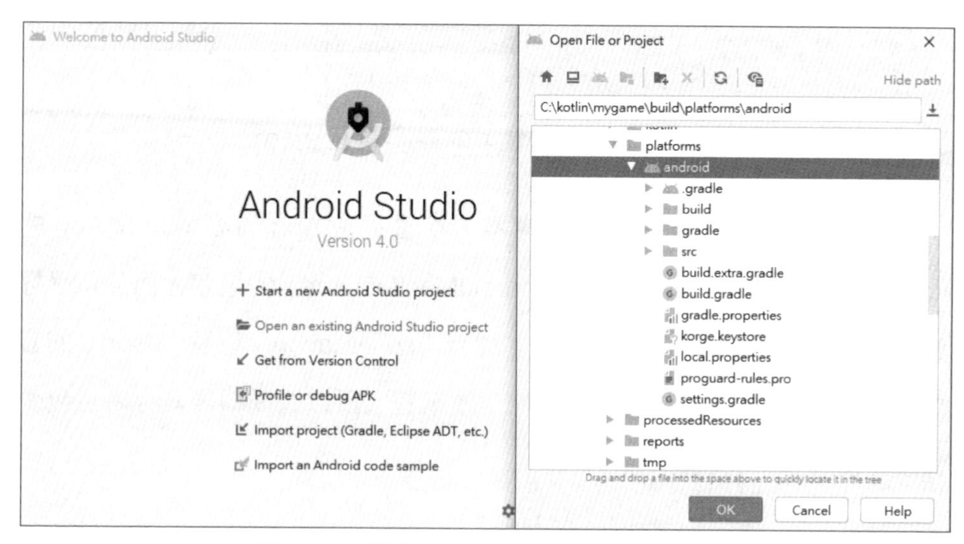

圖 5.1-7　開啟 Android Studio 並匯入專案

首先把 KorGE 輸出多餘的「/platforms/android/src/main/java/MainActivity.kt」刪除，保留一個 MainActivity.kt 即可（算是 KorGE 輸出 Android 專案的 Bug，需自行修正）。接著到「/platforms/android/build.gradle」加入跟「serialization」相關的設定，然後進行「gradle sync」，就能把前面提到「serialization」（圖 5.1-6）相關的問題解決。

build.gradle

```
buildscript {
    dependencies {
        classpath "org.jetbrains.kotlin:kotlin-serialization:1.4.30";
    }
}
apply plugin: 'kotlinx-serialization'

dependencies {
    implementation 'org.jetbrains.kotlinx:kotlinx-serialization-json:1.2.1'
}
```

再來要在「/platforms/android/src/main/AndroidManifest.xml」修改 App 顯示名稱跟 App 圖示，把「label」都改成「外星人跑跑」還有「icon」換成 alien_icon（請依據自己的遊戲名稱命名跟圖片檔案命名即可）。

AndroidManifest.xml

```
<application

    android:allowBackup="true"
    android:label=" 外星人跑跑 "
    android:icon="@mipmap/alien_icon"
    android:roundIcon="@android:drawable/sym_def_app_icon"
    android:theme="@android:style/Theme.Holo.NoActionBar"
```

```
    android:supportsRtl="true"
  >
    <activity android:name=".MainActivity"
     android:banner="@drawable/app_banner"
     android:icon="@drawable/alien_icon"
     android:label=" 外星人跑跑 "
     android:logo="@drawable/alien_icon"
    >
     <intent-filter>
        <action android:name="android.intent.action.MAIN"/>
        <category android:name="android.intent.category.LAUNCHER"/>
     </intent-filter>
    </activity>
</application>
```

還有一個重要的權限需要加上，也就是 Android 手機存取網路連線的權限，這個權限 KorGE 專案匯出不會特別加上，若沒加上在進行分數上傳時會發生執行錯誤。

```
<!-- 存取網路連線權限 -->
<uses-permission android:name="android.permission.INTERNET"/>
```

執行結果

圖 5.1-8　更換 App 名稱及圖示

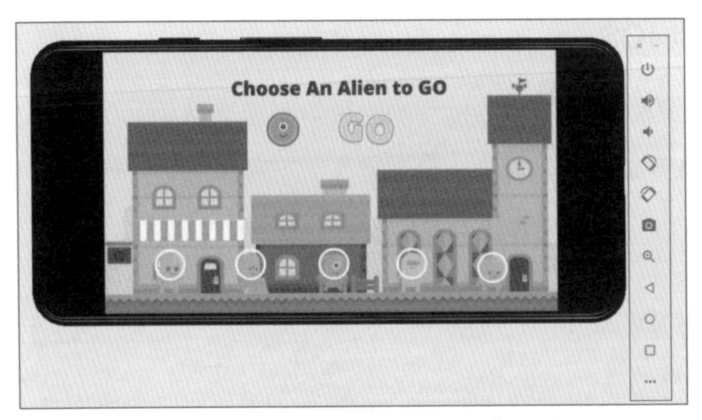

圖 5.1-9　KorGE 專案輸出到 Android 模擬器

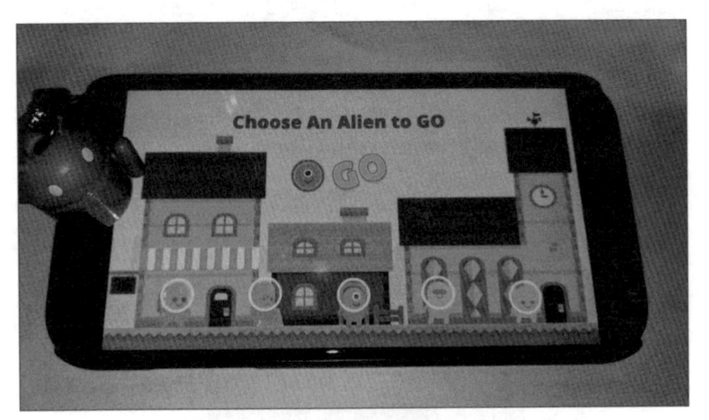

圖 5.1-10　KorGE 專案輸出到 Android 手機

修改網路連線位置

不知道各位是否還記得，我們在上傳下載分數 API 的 HTTP 連線都是用 http://localhost:8080 這個位置，但是你把程式安裝到模擬器或是手機後，將會無法真正連線到我們設計好的 myserver 伺服器位置，這時候的方法是要先注意 myserver 的網路 IP 位置是不是跟手機連線的 WiFi 在同個區網內，如果不是的話，上傳跟下載 API 將會無法正常執行連線了。

鴨鴨助教的補充

輸出到 iOS

因為鴨鴨助教沒有 iphone 手機，所以實際裝到 iphone 手機的情形，就讓有 iphone 手機的人試試看效果怎麼樣。不過鴨鴨助教有 MAC 電腦，所以可以安裝 XCode 來試著輸出到模擬器。

```
./gradlew runIosSimulatorDebug
```

執行結果

模擬器的畫面是有跑出來，但是我試按了模擬器好像都沒反應，而且螢幕轉橫向的時候畫面會壞掉，不知道放到手機上是不是就正常了？

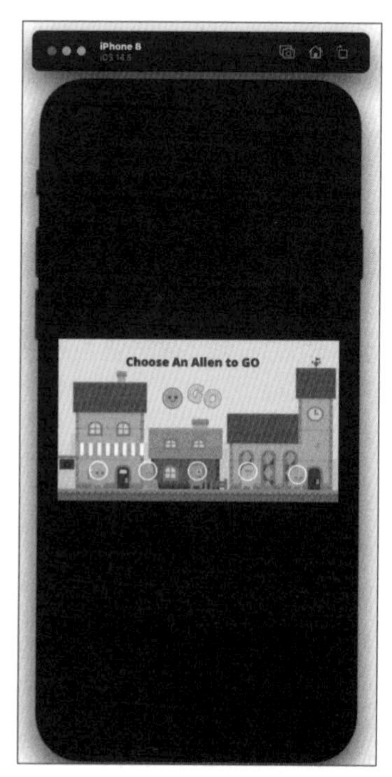

圖 5.1-11　KorGE 專案輸出 iPhone 模擬器

輸出的心得

程式在桌機上執行的效果會比在 Android 模擬器跟 Web 上執行時好很多，所以外星人在進行遊戲中移動只走了一點點距離，可以試著在輸出前將 KorGE 專案裡「Item.kt 的 moveSpeed」數值往上加來微調走動效果。遊戲的順暢跟問題就是持續進行中，但是至少告訴大家 KorGE 是可以能跑在桌機、Web 跟 Mobile 平台上囉。

參考連結

- https://korlibs.soywiz.com/korge/deployment/

5.2 建立雲端服務

為何要建立雲端服務

我們開發的範圍還是僅限在自己家裡的封閉區域網路內（像是 http://localhost:8080），這時候如果想要讓你的朋友或是家人，甚至是想要給陌生人或是全世界的人，就必須把自己在本機上開發的 KorGE 跟 Ktor 程式發佈在雲端上了。

KorGE 的部分也就是本書一直提到是前端的開發，想要讓 KorGE 能發佈出去可以從我們在（5.1 小節）學到的部份開始進行，若你是把 KorGE 專案打包變成一個 JAR 執行檔案，就需要在架站的雲端服務上提供一個下載 JAR 的連結，供大家下載在自己的電腦執行；若你是輸出成 Web 內容，這時就要把輸出的「distribution 資料夾」放在架站的雲端服務上；若是輸出成 Android 或是 iOS 的檔案，就必須打包上傳到 Google Play 跟 Apple Store 了。

Ktor 的部份就是後端開發，要可以出去見世面的話就只有一個途徑，必須要把程式發佈在雲端服務上，架設好的雲端服務都會有個專屬的網路 IP 或 Domain Name 位置。因為需要提供 API 給前端呼叫，讓散佈在各處的 KorGE 前端裝置能知曉 Ktor 後端的位置，我們在前面設計的遊戲排行榜功能才能真正連線運作，但是也別忘了我們還有個需要雲端服務的 MySQL 服務，也是需要佈署在雲端才能供 Ktor 連線。鴨鴨助教表列了各個程式需要的佈署位置，讓大家更清楚明瞭（如表 5.3）。

程式佈署位置	
KorGE 輸出本機 JAR	需要雲端服務
KorGE 輸出 Web 內容	需要雲端服務
KorGE 輸出 Android	需要上架到 Google Play
KorGE 輸出 iOS	需要上架到 Apple Store
Ktor 程式	需要雲端服務
MySQL 服務	需要雲端服務

表 5.3　程式佈署位置

總歸以上的表格，除了手機開發已經有供應商提供上架發佈的空間，看來 KorGE 跟 Ktor 還有 MySQL 都勢必要準備一個雲端服務空間，才能滿足公諸於世的需求。所以鴨鴨助教在接下來的篇幅將會介紹大家怎麼申請一個新的雲端服務，將 KorGE 跟 Ktor 的程式佈署在雲端了。

建立新的雲端伺服器

目前市面上最多人選擇的雲端伺服器不外乎就是「Google Cloud Platform（GCP）」,「Microsoft Azure」以及「Amazon Web Service（AWS）」，這些雲端伺服器最後都能達成我們將程式佈署在他們提供的平台上，只是每個平台的介面跟設置有些不一樣，但是佈署的流程跟概念基本上是大同小異的，只要成功學會一個平台的，要發佈在其他的平台都只是操作熟練度而已了（前提還是各位需要學過一些 Unix 指令跟網路基礎，可能才會比較了解這些佈署的流程在做什麼）。鴨鴨助教將會教各位學習的平台通常都是自己比較習慣用的，所以我選擇的雲端服務平台是「Amazon Web Service（AWS）」，其餘的平台其實鴨鴨助教都有建置過，若有機會有人敲碗再當做技術 Blog 的新題材。

申請帳號

申請帳號不會太困難，就是到 AWS 的官網「https://aws.amazon.com/」進行帳號註冊，但是前提是你要有一張信用卡就是了，然後會先被刷個 1 美金來驗證你的帳號，而裡面的很多功能都有免費試用，只要不超過基本限額，都還不用真正花錢使用，但鴨鴨助教會建議若沒再開發用的，最好就移除，不然哪天不知道被誰一直存取或是免費時間到期，反而收到非預期的支出費用就會欲哭無淚。

啟動執行個體

要在 AWS 建立雲端服務的話，首先我們要先在 AWS 建立一個「虛擬伺服器」，這個「虛擬伺服器」就是準備將我們寫好的 Ktor 程式放入的地方（就如同自己開發的程式放在自己的主機一樣）。至於怎麼把 Ktor 程式放進到「虛擬伺服器」，會在（5.4 小節）介紹，現在先專注在建立伺服器的環境。

當你登入好你的 AWS 帳號後，來去找到「EC2 儀表板」，就能看到一個區塊是「啟動執行個體」（這裡說的執行個體也就是虛擬伺服器），勇敢把「橘色按鈕」按下去（如圖 5.2-1），就可以開始選你要的伺服器環境了。

圖 5.2-1　在 EC2 儀表板啟動執行個體

選擇伺服器環境

AWS 提供很多系統 Image 供你選擇，有 Ubuntu、Windows Server，但是注意要選擇「Free tier eligible」的 Image，不然有的選下去執行後可能就要開始扣你的信用卡（請特別注意，不然錢都會莫名其妙被扣走）。這邊我選我自己比較熟悉的「Ubuntu Server 18.04」來試著玩玩看，按下「Select」按鈕就會進到下一頁進行選擇你的伺服器規格（如圖 5.2-2）。

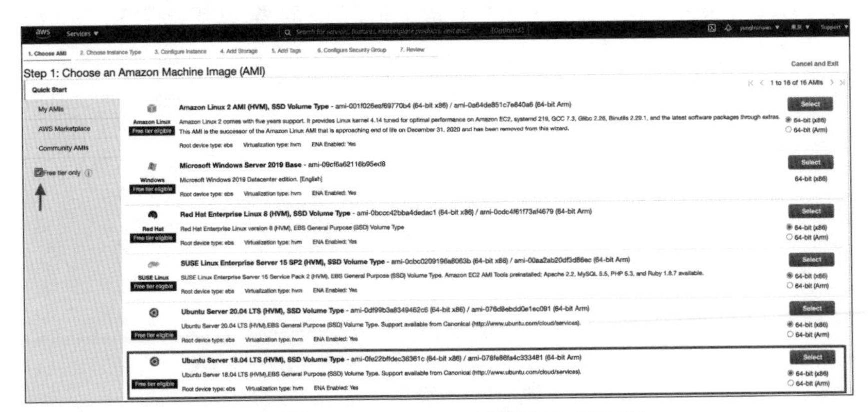

圖 5.2-2　勾選 Free tier only 並選擇作業系統 Image

選擇伺服器規格

在 Step 2 這一頁，如果是選「Free tier eligible」，那執行個體預設類型「type」會是「t2.micro」。CPU 只有 1 個，記憶體也只有 1G，我們目前寫的 Ktor 程式還不算太複雜，作為測試 Demo 使用應該是還能運作。所以選好規格後，按下「Next Configure Instance Details」按鈕到下一頁（如圖 5.2-3）。

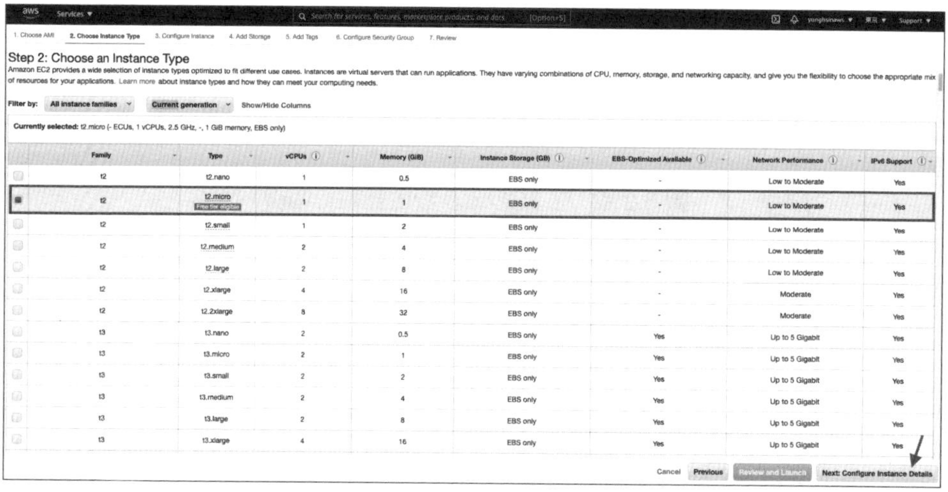

1. Choose AMI　2. Choose Instance Type　3. Configure Instance　4. Add Storage　5. Add Tags　6. Configure Security Group　7. Review

Step 2: Choose an Instance Type

Amazon EC2 provides a wide selection of instance types optimized to fit different use cases. Instances are virtual servers that can run applications. They have varying combinations of CPU, memory, storage, and networking capacity, and give you the flexibility to choose the appropriate mix of resources for your applications. Learn more about instance types and how they can meet your computing needs.

Filter by: All instance families　Current generation　Show/Hide Columns

Currently selected: t2.micro (- ECUs, 1 vCPUs, 2.5 GHz, -, 1 GiB memory, EBS only)

Family	Type	vCPUs	Memory (GiB)	Instance Storage (GB)	EBS-Optimized Available	Network Performance	IPv6 Support
t2	t2.nano	1	0.5	EBS only	-	Low to Moderate	Yes
t2	t2.micro Free tier eligible	1	1	EBS only	-	Low to Moderate	Yes
t2	t2.small	1	2	EBS only	-	Low to Moderate	Yes
t2	t2.medium	2	4	EBS only	-	Low to Moderate	Yes
t2	t2.large	2	8	EBS only	-	Low to Moderate	Yes
t2	t2.xlarge	4	16	EBS only	-	Moderate	Yes
t2	t2.2xlarge	8	32	EBS only	-	Moderate	Yes
t3	t3.nano	2	0.5	EBS only	Yes	Up to 5 Gigabit	Yes
t3	t3.micro	2	1	EBS only	Yes	Up to 5 Gigabit	Yes
t3	t3.small	2	2	EBS only	Yes	Up to 5 Gigabit	Yes
t3	t3.medium	2	4	EBS only	Yes	Up to 5 Gigabit	Yes
t3	t3.large	2	8	EBS only	Yes	Up to 5 Gigabit	Yes
t3	t3.xlarge	4	16	EBS only	Yes	Up to 5 Gigabit	Yes

Cancel　Previous　Review and Launch　Next: Configure Instance Details

圖 5.2-3　勾選 Type 為 t2.micro 並點選 Next Configure Instance Details

Step 3 這一頁「Configure Instance」會先提醒「還沒有建立預設 VPC 的帳號」，要先產生一個新的 VPC 設定，此時你只要跟著指引點選「create a new default VPC」（如圖 5.2-4）。

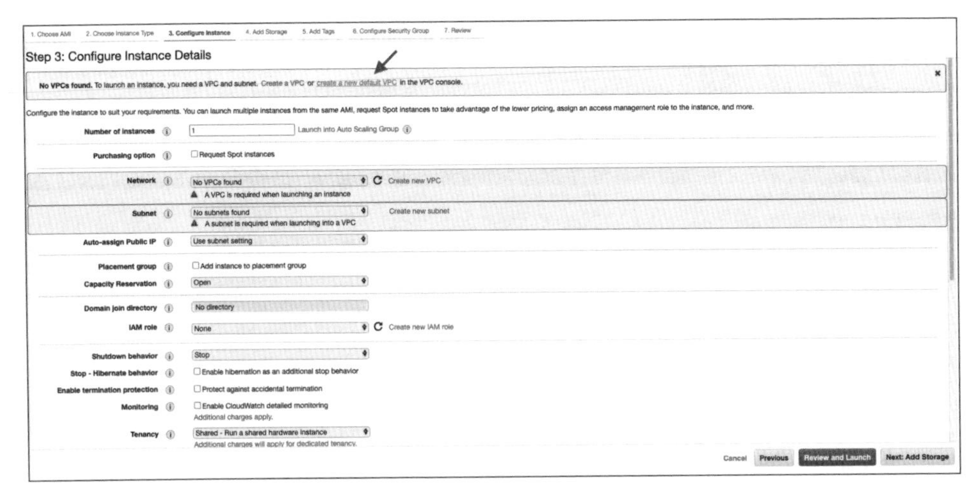

圖 5.2-4　提醒建立預設 VPC 設定

點選後會另外開一個新的網頁，只要去按橘色按鈕「Create default VPC」，就會自動幫您的帳號產生一個預設的 VPC 了（如圖 5.2-5）。

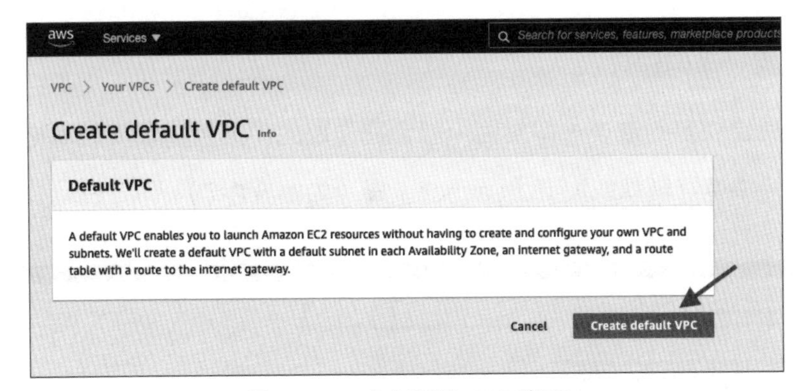

圖 5.2-5　建立預設 VPC 畫面

再來回到原本 Step 3 的「Configure Instance Details」頁面，試著先找到「Network」選項的「重新整理」按鈕進行 VPC 設定的讀取重整，這時「Network」設定就可以選擇剛剛產生的預設 VPC，名稱應該類似「vpcxxxxxxx（default)」，選取好後，就能再繼續下一步，按下「Review and Launch」按鈕（如圖 5.2-6）。

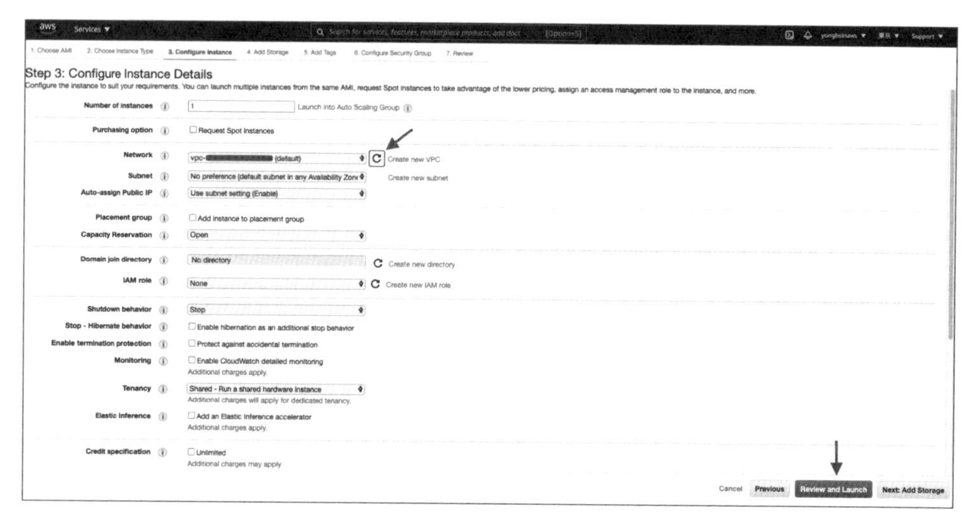

圖 5.2-6　Network 選取預設 VPC 並進行下一步

最後確認，準備建立

來到建立前的最後一個畫面，就會把你選的作業系統環境跟規格都條列給你看，準備好後就能按下「Launch」囉（如圖 5.2-7）。

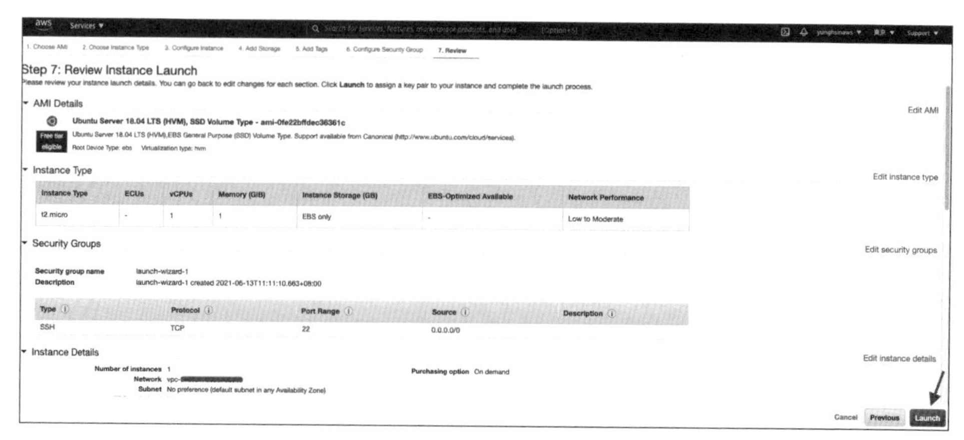

圖 5.2-7　再次檢查執行的設定並準備啟動

下載登入伺服器的 Key

因為雲端伺服器幾乎都是要用「終端機（Terminal）」指令輸入的方式來進行登入設定，所以 AWS 網頁會跳出下面的畫面（如圖 5.2-8），請你產生一個伺服器的 Key 讓你能用「SSH 方式」登入到你的伺服器，所以 key pair name 可以隨意取名，但這裡我們就先取名為「mygame」，然後按下「Download Key Pair」就會拿到「mygame.pem」的檔案，記得要收藏好，因為被別人拿到，就能去你的伺服器登入鬧事了。

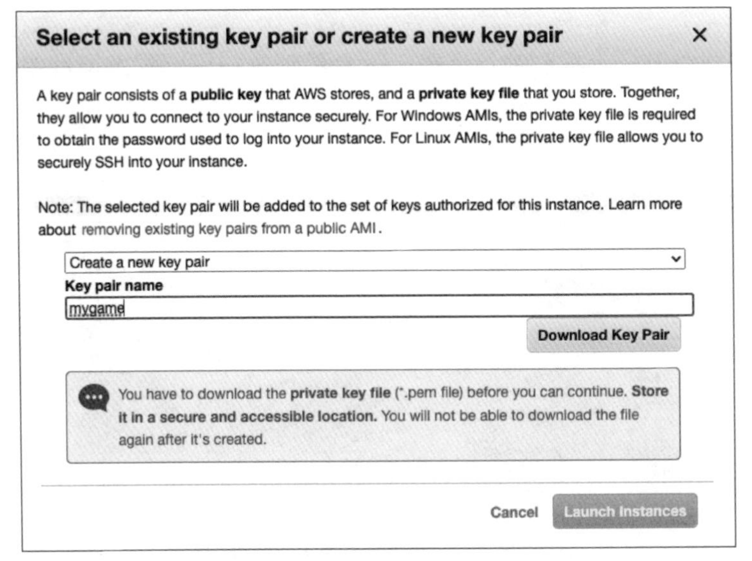

圖 5.2-8 下載登入伺服器的 Key Pair

下載好 Key 之後，再按下「Launch Instances」就算伺服器真正建立好了（如圖 5.2-9）。

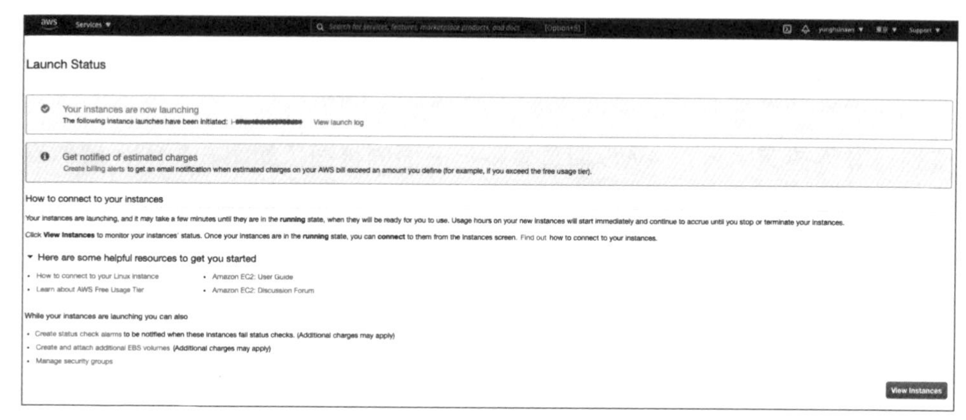

圖 5.2-9　建立執行個體的成功畫面

接著到儀表板上找到執行個體，就會看到當初設定的虛擬伺服器被建立起來（如圖 5.2-10）。

圖 5.2-10　儀表板的執行個體區塊

進行 SSH 登入到伺服器

請各位試著在（圖 5.2-10）儀表板的執行個體 ID 的那一欄，其實有超連結可以點下去看詳細資訊（被橫線遮掉的都是鴨鴨助教的伺服器機密資訊，所以就不會讓大家看見了）。畫面將會列出你的執行個體 ID，跟執行狀態，還有當初設定選好的類型（如圖 5.2-11）。然後 AWS 在建立新的執行個體也會自動產生公有跟私有的 IP 位置以及 Domain Name，這些都可以拿來使用，然後注意右上邊有個「連線」的按鈕可以點下去。

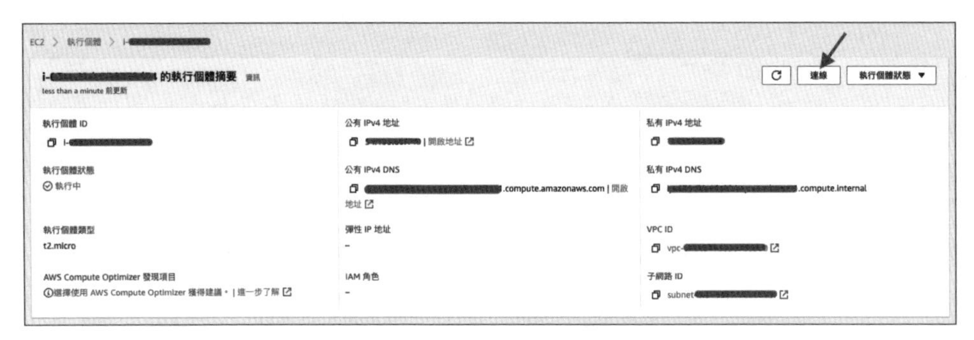

圖 5.2-11　執行個體的詳細資訊

按下按鈕後，畫面會切換「連線至執行個體」的「SSH 用戶端分頁」（如圖 5.2-12），有教學教你怎麼用剛剛下載的 key pair 檔案「mygame.pem」進行 SSH 登入。

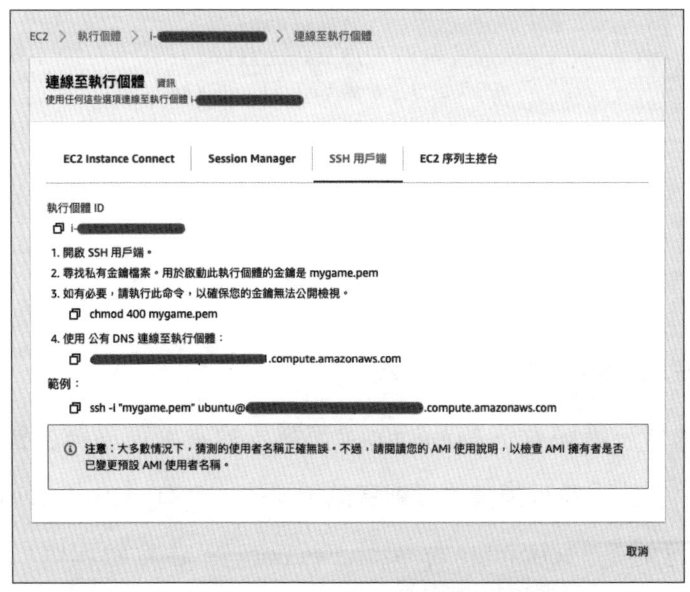

圖 5.2-12　SSH 用戶端連線執行個體的詳細資訊

關於用 SSH 連線到我們剛剛在 AWS 建立的雲端伺服器的步驟看不懂沒關係，鴨鴨助教就一步步教大家怎麼在 Windows 跟 Mac 電腦上進行登入，讓第一次接觸 SSH 登入的人也能順利連線（若已經會 SSH 登入的可以略過直接進到下一小節）。

Windows 電腦進行 SSH 登入

使用 Windows 的朋友，可以使用內建的「PowerShell」進行 SSH 登入。

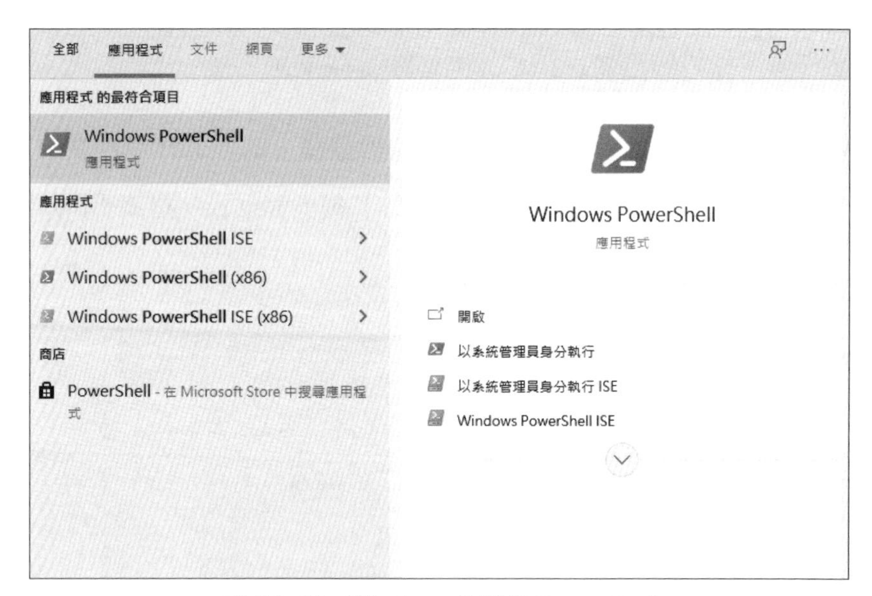

圖 5.2-13　Windows 內建的 PowerShell

步驟一：使用 pem 進行 SSH 登入

登入的預設帳號會是「ubuntu」，而登入的雲端伺服器位置，就是在（圖 5.2-11）的「執行個體的詳細資訊」裡的「公有的 IPv4 DNS」內容，通常結尾可能是「.compute.amazonaws.com」。注意輸入時，要指定對

「mygame.pem」的檔案路徑，因為從 AWS 下載通常都會在本機的下載資料夾。

```
ssh -i mygame.pem ubuntu@xxxxxxx.compute.amazonaws.com
```

第一次進行 ssh 登入，會詢問跳出「Are you sure you want to continue connecting (yes/no/[fingerprint])?」，這時就打上「yes」表示信任你連線的 AWS 伺服器位置，按下鍵盤上的 Enter 即可（如圖 5.2-14）。

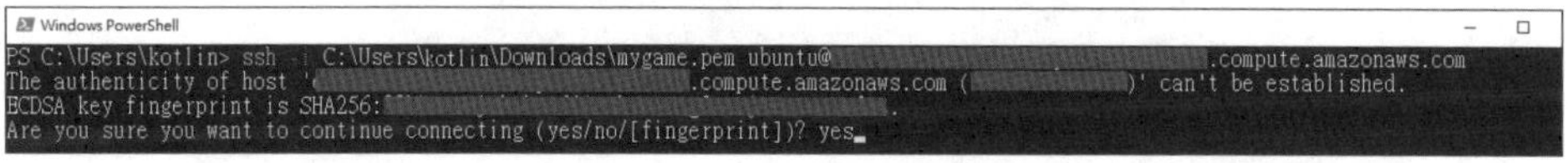

```
Windows PowerShell
PS C:\Users\kotlin> ssh -i C:\Users\kotlin\Downloads\mygame.pem ubuntu@                .compute.amazonaws.com
The authenticity of host '               .compute.amazonaws.com (            )' can't be established.
ECDSA key fingerprint is SHA256:                    .
Are you sure you want to continue connecting (yes/no/[fingerprint])? yes
```

圖 5.2-14　Windows PowerShell 使用 pem 檔案進行 SSH 登入

步驟二：確認 SSH 登入成功

按下 Enter 執行後，如果發現有「Welcome to Ubuntu」的歡迎字眼而且終端機的開頭執行帳號換成「ubuntu@」，就算是已經成功地用 SSH 方式登入到自己建立的雲端伺服器了（如圖 5.2-15）。

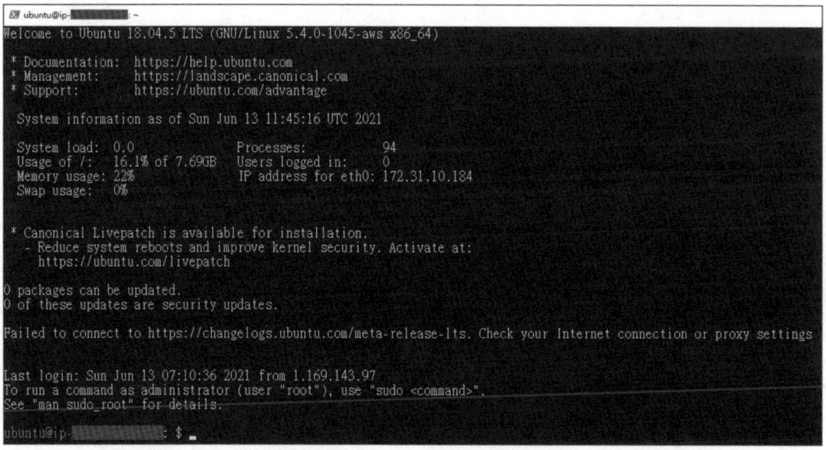

```
ubuntu@ip-          : ~
Welcome to Ubuntu 18.04.5 LTS (GNU/Linux 5.4.0-1045-aws x86_64)

 * Documentation:  https://help.ubuntu.com
 * Management:     https://landscape.canonical.com
 * Support:        https://ubuntu.com/advantage

  System information as of Sun Jun 13 11:45:16 UTC 2021

  System load:  0.0               Processes:           94
  Usage of /:   16.1% of 7.69GB   Users logged in:     0
  Memory usage: 22%               IP address for eth0: 172.31.10.184
  Swap usage:   0%

 * Canonical Livepatch is available for installation.
   - Reduce system reboots and improve kernel security. Activate at:
     https://ubuntu.com/livepatch

0 packages can be updated.
0 of these updates are security updates.

Failed to connect to https://changelogs.ubuntu.com/meta-release-lts. Check your Internet connection or proxy settings


Last login: Sun Jun 13 07:10:36 2021 from 1.169.143.97
To run a command as administrator (user "root"), use "sudo <command>".
See "man sudo_root" for details.

ubuntu@ip-          : $
```

圖 5.2-15　Windows PowerShell SSH 登入成功畫面

Mac 電腦進行 SSH 登入

找到電腦裡的啟動台，搜尋「Terminal」，也稱為「終端機」，找到後點擊打開程式（如圖 5.2-16）。

圖 5.2-16　Mac 電腦的終端機

打開後，就會出現終端機的畫面，就等著輸入指令進行 SSH 登入（如圖 5.2-17）。

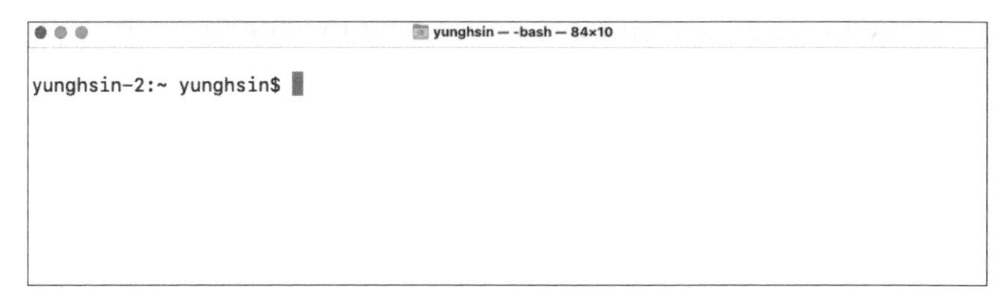

圖 5.2-17　終端機畫面

步驟一：改變檔案權限

改變「mygame.pem」的檔案權限的指令。

```
chmod 400 mygame.pem
```

注意輸入時，要指定對「mygame.pem」的檔案路徑，因為從 AWS 下載通常都會在本機的下載資料夾（如圖 5.2-18）。

```
yunghsin — -bash — 80×24
yunghsin-2:~ yunghsin$ chmod 400 ~/Downloads/mygame.pem
yunghsin-2:~ yunghsin$
```

圖 5.2-18　終端機改變檔案權限指令

步驟二：使用 pem 進行 SSH 登入

改好「mygame.pem」的檔案權限後，才能提供給 SSH 指令登入時使用，登入的預設帳號會是「ubuntu」，登入的雲端伺服器位置，就是在（圖 5.2-11）「執行個體的詳細資訊」裡的「公有的 IPv4 DNS」內容，通常可能是結尾是「.compute.amazonaws.com」。

```
ssh -i mygame.pem ubuntu@xxxxxxx.compute.amazonaws.com
```

第一次進行 ssh 登入，會詢問跳出「Are you sure you want to continue connecting (yes/no/[fingerprint])?」，這時就打上「yes」表示信任你連線的 AWS 伺服器位置，按下 Enter 即可（如圖 5.2-19）。

```
yunghsin-2:~ yunghsin$ ssh -i ~/Downloads/mygame.pem ubuntu@.amazonaws.com
The authenticity of host '.amazonaws.com ()' can't be established.
ECDSA key fingerprint is SHA256:
Are you sure you want to continue connecting (yes/no/[fingerprint])? yes
```

圖 5.2-19　終端機使用 pem 檔案進行 SSH 登入

步驟三：確認 SSH 登入成功

按下 Enter 執行後，如果發現有「Welcome to Ubuntu」的歡迎字眼而且終端機的開頭執行帳號換成「ubuntu@」，就算是已經成功地用 SSH 方式登入到自己建立的雲端伺服器了（如圖 5.2-20）。

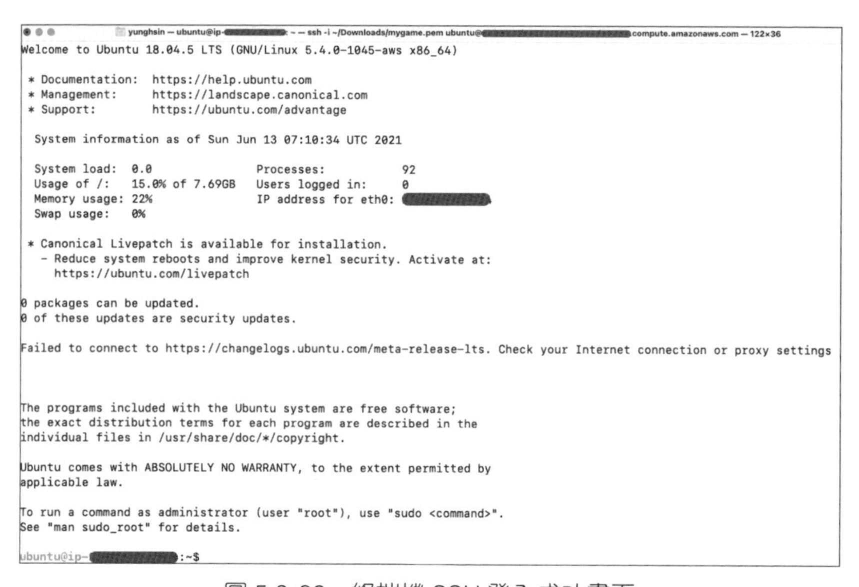

圖 5.2-20　終端機 SSH 登入成功畫面

建立好自己的 AWS 伺服器後，就能開始進行遊戲的程式佈署了，可以期待下一篇的教學囉。

5.3 佈署至雲端服務

我們已經將建立雲端伺服器的前置作業完成，也能夠進行從本機電腦用 SSH 登入連線到 AWS 的伺服器，這樣就能開始我們的 KorGE 跟 Ktor 的程式進行佈署的準備了。

MySQL Server 安裝

記得在第四章 MySQL 的安裝嗎？是的，在 AWS 的雲端伺服器我們也是需要進行「MySQL Server」的安裝，才能讓 Ktor 程式去存取資料庫。而這次要安裝的環境就是在「Ubuntu」裡，可能比起在自己的開發機上安裝會快速許多，只要輸入幾行指令，就能將「MySQL Server」架設起來。

安裝 MySQL Server

```
sudo apt-get install mysql-server
```

設定 MySQL root 帳號密碼

```
sudo mysql_secure_installation
```

登入 MySQL 環境

```
sudo mysql -u root -p
```

注意：進行 MySQL 的登入後，會進到 MySQL 的輸入指令環境，會以「mysql>」開頭，如果要離開 MySQL 輸入指令的環境，要輸入「exit;」加上按下 Enter 按鍵才會回到「ubuntu@」開頭的系統環境。

建立 mygame 資料庫

```
CREATE DATABASE 'mygame';
```

建立 MySQL 使用者帳號密碼

進行 MySQL 連線建議還是用除了 root 以外的帳號，所以這裡建立一個新的使用者帳號 ktor。

```
CREATE user 'ktor'@'%' IDENTIFIED by '密碼';
```

存取 mygame 表格的權限

```
GRANT ALL PRIVILEGES ON mygame.* TO 'ktor'@'localhost' IDENTIFIED BY '
密碼' WITH GRANT OPTION;
```

測試 MySQL Server 運行狀態

```
service mysql status
```

輸入「service mysql status」可以查詢目前「MySQL Server」目前運行的狀態，只要確認查詢結果有「active(running) 」，表示 MySQL 正常運作（如圖 5.3-1）。

```
ubuntu@:~$ service mysql status
● mysql.service - MySQL Community Server
   Loaded: loaded (/lib/systemd/system/mysql.service; enabled; vendor preset: en
   Active: active (running) since Mon 2021-06-14 01:20:56 UTC; 11min ago
 Main PID: 18184 (mysqld)
    Tasks: 29 (limit: 1140)
   CGroup: /system.slice/mysql.service
           └─18184 /usr/sbin/mysqld --daemonize --pid-file=/run/mysqld/mysqld.pi

Jun 14 01:20:56 ip- systemd[1]: Starting MySQL Community Server...
Jun 14 01:20:56 ip- systemd[1]: Started MySQL Community Server.
```

圖 5.3-1　MySQL Server 正常運行中

Ktor 執行環境的軟體安裝

「MySQL Server」環境處理完成後，接下來就輪到安裝 Ktor 所需的執行環境，因為 AWS 雲端服務的伺服器環境並不會裝上「IntelliJ」的開發工具，而且一般的產品上線也只會把最後打包的執行檔案上傳到伺服器，所以在這需要安裝一些必要的軟體，讓這個雲端伺服器可以執行 Ktor 程式的環境。

內建軟體都更新到最新版

先下載並更新「Ubuntu」系統的套件檔案清單，需要執行以下指令。

```
sudo apt-get update
sudo apt-get upgrade
```

安裝常用工具

在伺服器有時會需要編輯檔案跟下載遠端檔案，或是壓縮解壓縮檔案。所以需要安裝這些常用的工具，如 vim, curl, zip, unzip。

```
sudo apt install vim curl zip unzip
```

安裝 SDK

安裝執行 Ktor 需要的套件，如 java, gradle 跟 kotlin。

```
// 先安裝 sdkman
curl -s https://get.sdkman.io | bash
source ~/.sdkman/bin/sdkman-init.sh
// 再安裝 sdk
sdk install java
sdk install gradle
```

```
sdk install kotlin
// 查詢 sdk 的版本
java --version
gradle --version
```

安裝 Web Server

這裡選取安裝的 Web Server 是「Nginx」，另一個大家常聽過的就是「Apache Server」，就看各位習慣使用哪一個。

```
sudo apt-add-repository ppa:nginx/development -y
sudo apt-get install -y --allow-downgrades --allow-remove-essential
--allow-change-held-packages nginx
```

測試 Web Server 運行

```
service nginx status
```

跟查看「MySQL Server」是否運行的方式一樣，只要看到指令結果「active(running) 」，即可。另一個方式是既然我們都安裝好 Web Server 了，表示我們可以直接用 HTTP 連線方式去連線這個雲端伺服器，最快的方式就是用「curl」指令來存取測試。

```
curl http://localhost
```

你可以看到終端機出現「Nginx」的回應，出現「Welcome to nginx!」（如圖 5.3-2）。

```
ubuntu@[redacted]:~$ curl http://localhost
<!DOCTYPE html>
<html>
<head>
<title>Welcome to nginx!</title>
<style>
    body {
        width: 35em;
        margin: 0 auto;
        font-family: Tahoma, Verdana, Arial, sans-serif;
    }
</style>
</head>
<body>
<h1>Welcome to nginx!</h1>
<p>If you see this page, the nginx web server is successfully installed and
working. Further configuration is required.</p>

<p>For online documentation and support please refer to
<a href="http://nginx.org/">nginx.org</a>.<br/>
Commercial support is available at
<a href="http://nginx.com/">nginx.com</a>.</p>

<p><em>Thank you for using nginx.</em></p>
</body>
</html>
```

圖 5.3-2　Nginx Web Server 正常運行中

那反應快的人一定下個動作就要直接在瀏覽器打上這台雲端伺服器的網址「http:// 雲端伺服器 ip 或是 Domain Name」。但是你會等到天荒地老都不會有回應，主要的原因是這些雲端服務為了安全性，都會預設把連線的 Port 給關起來，不讓外部隨便都能存取連線，一開始只會有 SSH 的連線 Port 22 打開讓你能連線進來操作。所以 Web Server 的服務要讓外部連線也能存取，就需要打開 Port 80。

設定安全性規則

AWS 裡要開啟 Port 的方式，首先要進到「EC2 > 執行個體的畫面」，然後找到「安全性」的分頁，有個「安全群組的 sg-xxxx」開頭的超連結，點下去（如圖 5.3-3）。

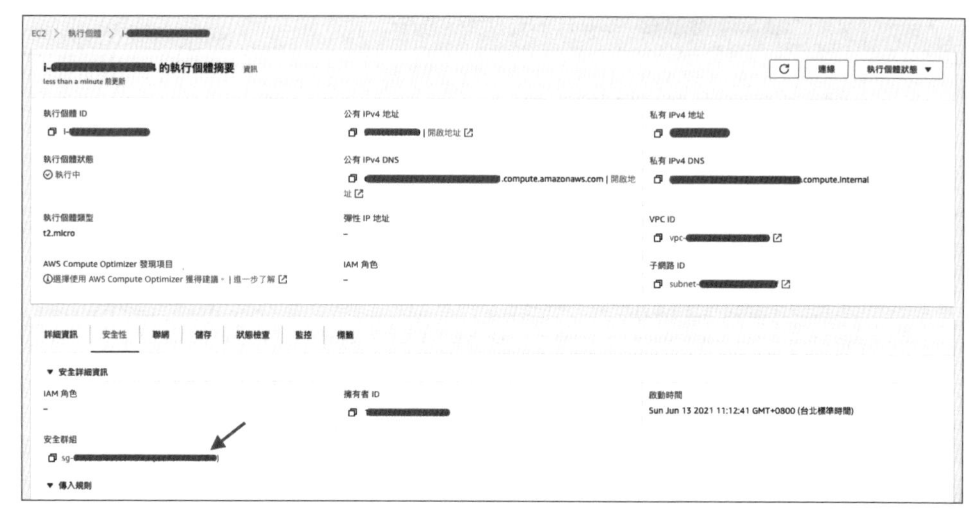

圖 5.3-3　執行個體設定安全性規則的入口

畫面會導向「安全群組」的畫面，此時你可以看到「傳入規則」的分頁，已經有預設會開啟的「類型 SSH」,「連接埠範圍 22」，來源「0.0.0.0/0」表示任何地方都能連線進來。這時我們需要點擊「編輯傳入規則」新增新的連線傳入規則（如圖 5.3-4）。

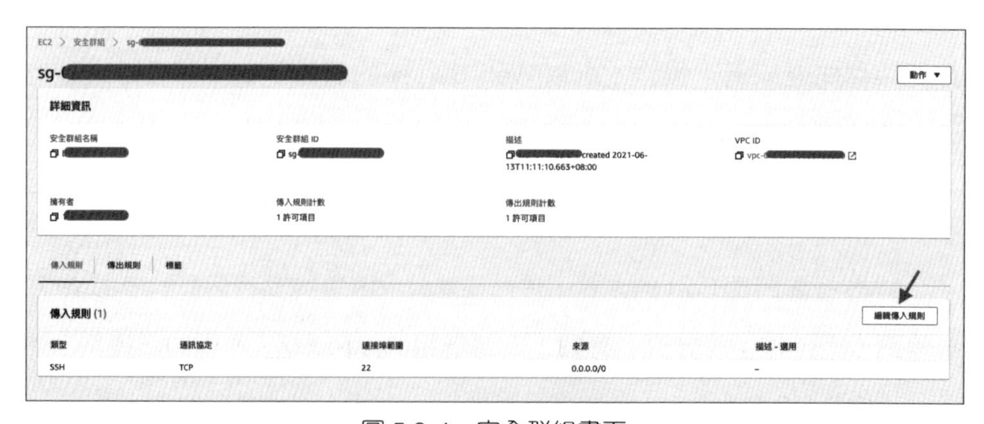

圖 5.3-4　安全群組畫面

進入「編輯傳入規則」，按下「新增規則」，選擇「HTTP」類型，來源則選擇「隨處」讓所有的人都能存取，最後設定好按下「儲存規則」（如圖 5.3-5）。

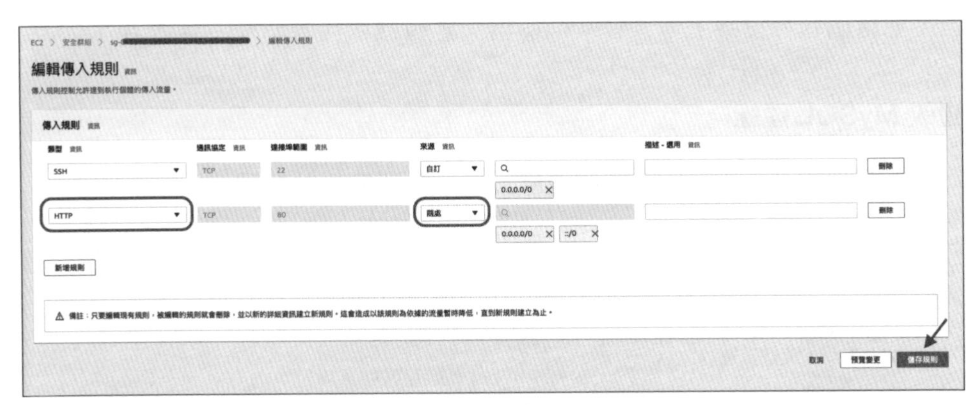

圖 5.3-5　傳入規則編輯畫面

再次打開網頁輸入雲端伺服器的網址，可以正常連線（如圖 5.3-6）。

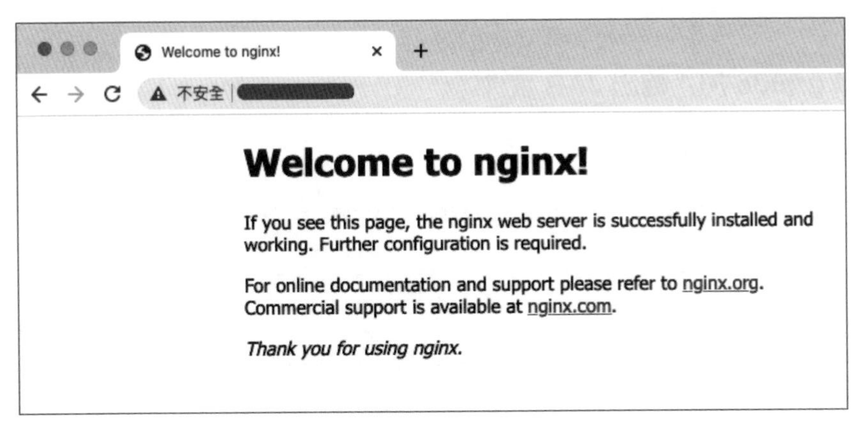

圖 5.3-6　成功從外部連線到 Web Server

上傳 Ktor 執行檔

雲端伺服器的 Web Server 已經準備完成，此時要把目光回到「IntelliJ」的 Ktor 的 myserver 專案，我們需要把 myserver 進行執行檔案 JAR 的輸出，把這個執行檔案上傳到雲端伺服器，才有機會從各個地方存取 API。

修改 MySQL 連線

先到 DatabaseFactory.kt 的連線設定修改新的帳號密碼。

```
private fun hikari(): HikariDataSource {
    val config = HikariConfig()
    config.driverClassName = "com.mysql.cj.jdbc.Driver"
    config.jdbcUrl = "jdbc:mysql://localhost:3306/mygame"
    config.username = "ktor"
    config.password = "新密碼"
    config.validate()
    return HikariDataSource(config)
  }
```

build.gralde 加入輸出 JAR 套件

要在 Ktor 專案輸出 JAR 檔案要在「build.gradle」裡加入「Shadow」套件的相關設定，它就會將你專案相依的部分一起打包。

```
buildscript {
    dependencies {
        classpath "com.github.jengelman.gradle.plugins:shadow:5.2.0"
    }
}

apply plugin: 'com.github.johnrengelman.shadow'
```

```
shadowJar {
    manifest {
        attributes 'Main-Class': mainClassName
    }
}
```

設定好後，輸入以下指令，就可以進行 JAR 打包。

```
gradle shadowJar
```

產生的 JAR 會在專案資料夾的「/build/libs」底下（如圖 5.3-7）。

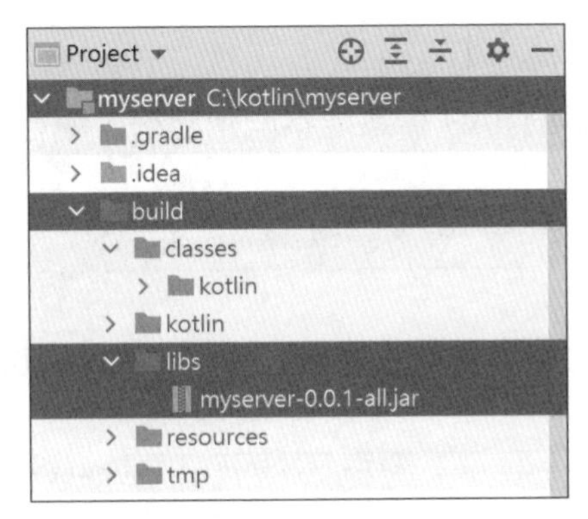

圖 5.3-7　myserver 的 JAR 執行檔案產生位置

上傳執行檔案

在你的電腦終端機輸入上傳檔案的指令，以便上一個動作產生的 JAR 檔案能上傳至雲端伺服器的位置「/home/ubuntu/ktor」(如圖 5.3-8)。

```
scp -i mygame.pem myserver-0.0.1-all.jar ubuntu@xxxxxxxx:/home/
                                          ubuntu/ktor/myserver-0.0.1-all.jar
```

```
yunghsin-2:libs yunghsin$ scp -i ~/Downloads/mygame.pem myserver-0.0.1-all.jar
ubuntu@.compute.amazonaws.com:/home/ubuntu/ktor
myserver-0.0.1-all.jar                                                    100%
22MB   2.4MB/s   00:09
```

圖 5.3-8 上傳 Ktor 的 JAR 執行檔到雲端伺服器

然後登入你的 AWS 伺服器，到「/home/ubuntu/ktor」底下看檔案有沒有傳成功（如圖 5.3-9）。

```
ubuntu@ip-:~$ ls /home/ubuntu/ktor
myserver-0.0.1-all.jar
```

圖 5.3-9　在雲端伺服器收到 Ktor 的 JAR 執行檔

執行 Ktor 程式

再來執行看看上傳的 JAR 檔案能不能跑起來，執行 JAR 的指令如下。

```
java -jar /home/ubuntu/ktor/myserver-0.0.1-all.jar
```

若能像在開發機上沒出現執行錯誤，就表示執行成功了（如圖 5.3-10）。

```
2021-06-14 06:24:40.873 [HikariPool-1 connection adder] DEBUG com.zaxxer.hikari.pool.HikariPool - HikariPool-1 - After adding stats (total
=10, active=0, idle=10, waiting=0)
2021-06-14 06:24:41.081 [main] DEBUG com.zaxxer.hikari.pool.PoolBase - HikariPool-1 - Reset (autoCommit) on connection com.mysql.cj.jdbc.C
onnectionImpl@3f93e4a8
2021-06-14 06:24:41.099 [main] INFO  Application - Responding at http://0.0.0.0:8080
```

圖 5.3-10　Ktor 在雲端伺服器執行成功

測試 Ktor 連線

既然 Ktor 程式已經確定可以在雲端伺服器上執行成功，不過我們的 Ktor 專案的預設 Port 是 8080，而我們已經學會怎麼在 AWS 進行傳入規則設定，只要再把 Port 8080 打開給大家，就能跟 Ktor 程式連線了（如圖 5.3-11）。

打開 Port 8080

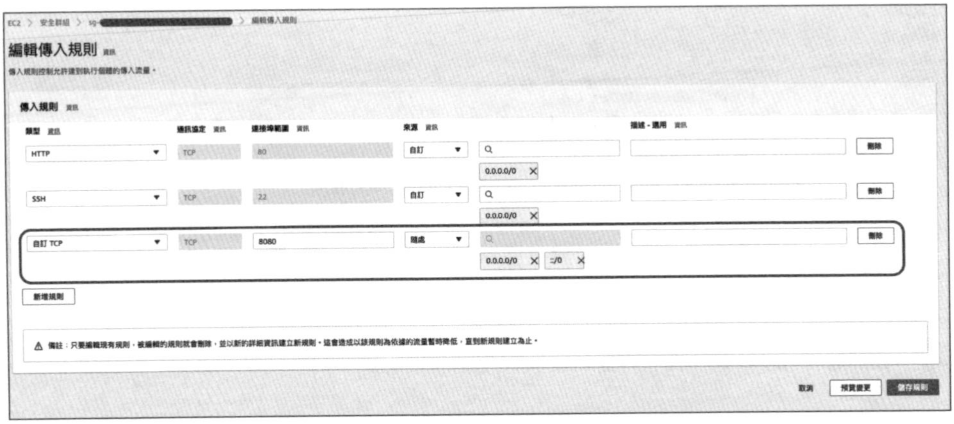

圖 5.3-11　開啟雲端服務的 Port 8080

測試連線

用「Postman」呼叫上傳分數 API，輸入一個測試資料（如圖 5.3-12）。

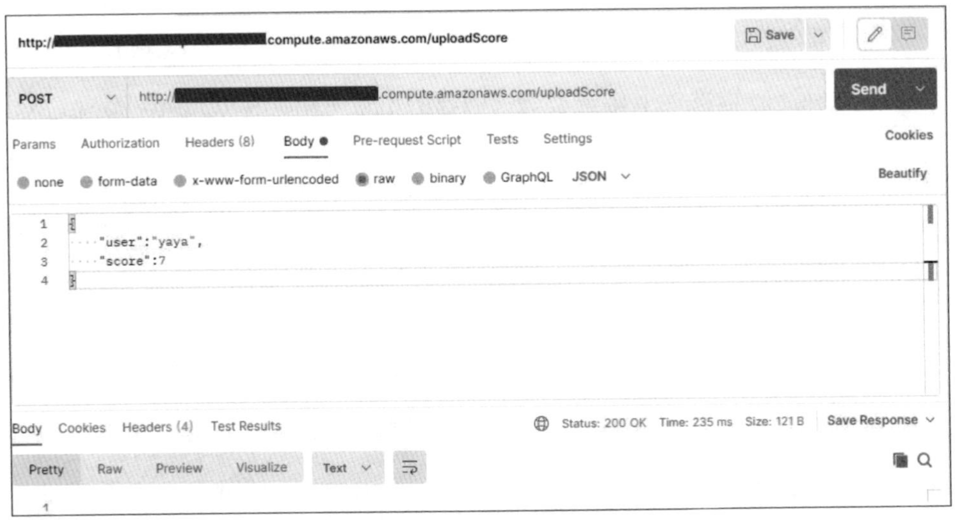

圖 5.3-12　呼叫佈署上雲端伺服器的 Ktor 上傳分數 API

再來用網頁輸入下載分數 API 連結，看到剛剛測試上傳的分數（如圖 5.3-13）。

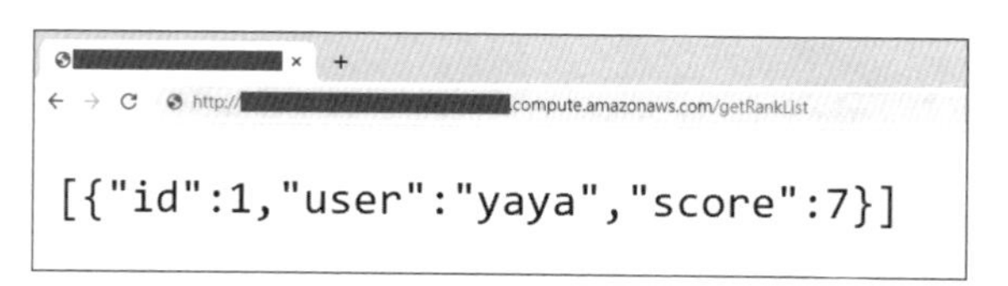

圖 5.3-13　呼叫佈署上雲端伺服器的 Ktor 下載分數 API

上傳 KorGE 執行檔

記得（5.1 小節）在 KorGE 進行 Web 輸出時，會產生「/build/distributions」資料夾內容，此時我們把「distributions」資料夾壓縮成 zip 檔案上傳到 AWS 雲端伺服器上。

上傳執行檔案

在你的電腦終端機輸入上傳檔案的指令，以便上一個動作產生的 distributions.zip 檔案能上傳至雲端伺服器的位置「/home/ubuntu/korge」。

```
scp -i mygame.pem distributions.zip ubuntu@xxxxxx:/home/ubuntu/
                                            korge/distributions.zip
```

把 distribution.zip 檔案複製到「/var/www/html」的位置。為什麼是「/var/www/html」的位置呢？因為這就是 Nginx 預設放網頁資料的位置，所以網頁格式的檔案放到這裡，就可以透過瀏覽器去存取，所以當然也包含 KorGE 輸出成 Web 的內容。

```
sudo cp /home/ubuntu/korge/distribution.zip /var/www/html
```

進入「/var/www/html」進行解壓縮 distribution.zip 檔案。

```
cd /var/www/html
sudo unzip distributions.zip
```

最後你會在雲端伺服器看到「distribution」的資料夾。但是鴨鴨助教希望存取到的網頁路徑不要是「distribution」，就先把它改名為「mygame」。

```
sudo mv /var/www/html/distributions/ /var/www/html/mygame
```

測試 KorGE 連線

打開瀏覽器，輸入你的雲端伺服器位置，並且後面接上「mygame」。這樣各位觀眾！我們的 KorGE 遊戲就正式上雲端囉（如圖 5.3-14）！

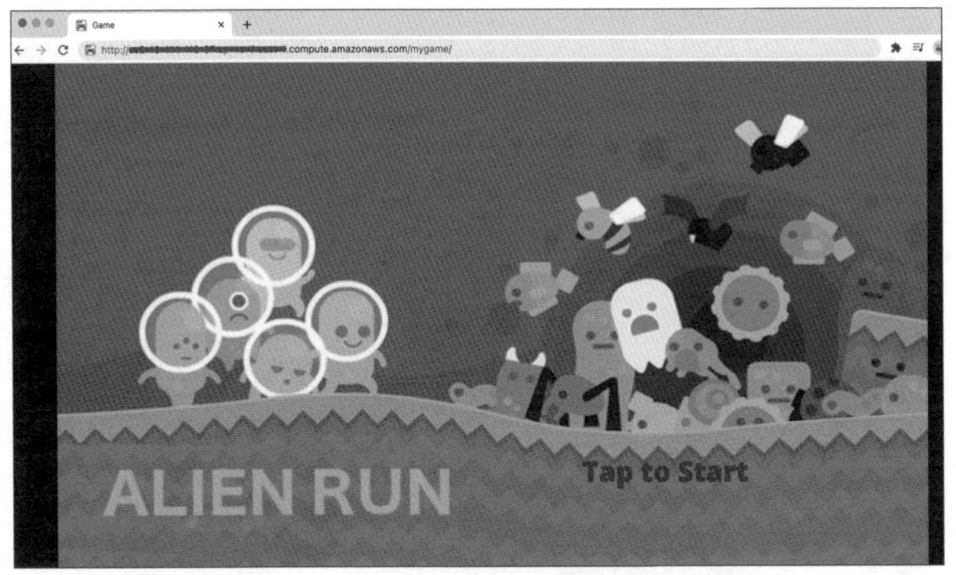

圖 5.3-14　KorGE 程式成功佈署到雲端伺服器

程式上雲端後，記得要更新程式內 API 的網路連線位置

如果有人把 Ktor 跟 KorGE 的檔案上雲端伺服器之後，發現 KorGE 輸出的執行檔案碰到了上傳跟下載分數都失效了，有可能就是還沒有將原本連本機的 http://localhost:8080 的位置修改成雲端的連線位置，所以記得要在 KorGE 的 UserScoreAPI.kt 修改喔。

鴨鴨助教的補充

5.4 總結

此章節的重點在於如何讓在本機開發的程式進行可執行檔的發佈，例如前端的 KorGE 透過特定的指令可輸出成 JAR 執行檔，以及輸出成 Android 跟 iOS 的開發專案進行 App 的上架，還有輸出在 Web 執行的 js 檔。而後端 Ktor 的部分，需要先進行 JAR 執行的輸出。另一個重點就是準備雲端伺服器的環境（AWS），將 Ktor 跟 KorGE 的執行檔部署到雲端伺服器。

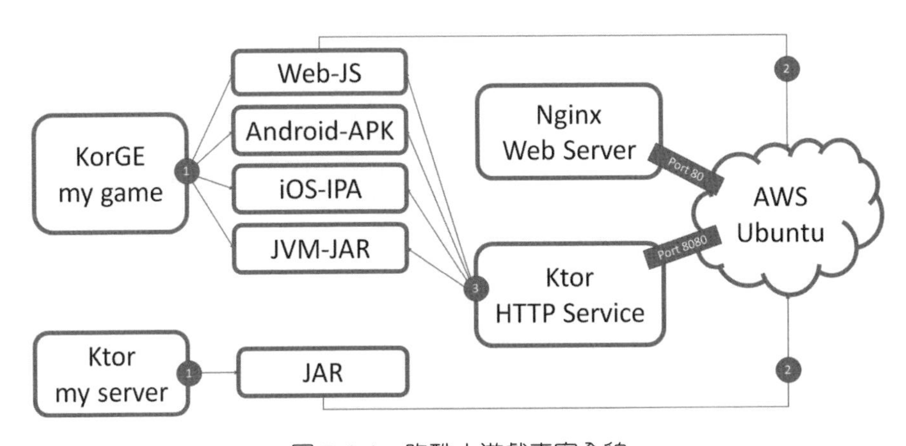

圖 5.4-1　跑酷小遊戲專案全貌

最後簡單用一張示意圖來讓大家了解這一個遊戲小專案的全貌（如圖 5.4.-1）。圖中的「編號 1」表示 KorGE、Ktor 的專案執行檔案輸出，「編號 2」表示佈署至 AWS 雲端伺服器，「編號 3」表示 KorGE 所輸出的各平台呼叫 Ktor API 的 HTTP Request 跟 Response 的互動。

MEMO

附錄

看完了第一到第五章後，各位跟著鴨鴨助教的帶領已經能從新手村慢慢進入實戰打怪的實力了。但在學習 Kotlin 的道路上，還是一段需要耕耘的路程，這個篇章鴨鴨助教就整理了一些參考資料跟本書有使用到相關資源還有程式碼來源，希望能幫助到大家在學習路上更順利。

參考資料

Kotlin 的資源

線上資源

Kotlin 官方網站

https://kotlinlang.org/

> 最新的 Kotlin 消息都會從官網發佈，也有非常多跟 Kotlin 有關的詳細介紹文件。

Kotlin 讀書會

https://tw.kotlin.tips/study-jams

> 目前台灣最活絡的 Kotlin 社群，有非常多喜歡 Kotlin 的人都會出現在此討論跟舉辦相關 Kotlin 的活動，每年還會舉辦給初學者入門的讀書會導讀。

Android Basics in Kotlin

https://developer.android.com/courses/android-basics-kotlin/course

> Android 開發者官網的 Kotlin 學習資源，一邊學習 Kotlin 一邊開發 Android APP。

JetBrains Acadamy

https://www.jetbrains.com/edu-products/learning/kotlin/

> JetBrains 公司開發的線上學習網站，有免費試用，若覺得線上學習適合你也有預算可以考慮試試看。

Coursera

https://www.coursera.org/learn/kotlin-for-java-developers

JetBrains 公司也有在 Coursera 上架跟 Kotlin 有關的課程，主要針對有 Java 開發經驗的人設計的 Kotlin 課程。

參考書籍

Kotlin 權威 2.0：Android 專家養成術（博碩文化出版）

（原文書名：Kotlin Programming: The Big Nerd Ranch Guide）

Kotlin 第一跟第二屆讀書會的導讀書籍，入門跟進階都值得試試一讀。

深入淺出 Kotlin（碁峯資訊出版）

（原文書名：Head First Kotlin: A Brain-friendly Guide）

Kotlin 第三屆讀書會的導讀書籍，是 Head First 深入淺出的系列書，適合剛入門學習程式語言的初學者。

Atomic Kotlin（原文書）

https://www.atomickotlin.com/atomickotlin/

適合所有人學習的 Kotlin 書籍，鴨鴨助教大概是因為作者是 Thinking in C++ 跟 Thinking in Java 的作者，才會來讀這本書。

Kotlin Apprentice（原文書）

https://www.raywenderlich.com/books/kotlin-apprentice

適合初學者的 Kotlin 入門書，一個專門提供技術資源跟線上課程的公司 Raywenderlich 所出版。

KorGE 的資源

線上資源

KorGE 的官方網站

https://korge.org/

KorGE 的最新消息跟一些相關資源連結，也有介紹一些 KorGE 的 ShowCase。

KorGE 的開發文件

https://korlibs.soywiz.com/korge/

KorGE 的開發文件都在這裡，而鴨鴨助教寫的 KorGE 教學很多都從這裡挖掘。

KorGE 的 Github 網站

https://github.com/korlibs/korge

KorGE 的 GitHub 專案在這裡，因為 KorGE 還算是持續發展中的技術，如果遇到 issue 都能在裡頭回報，開發者的回覆都滿迅速的。

Ktor 的資源

線上資源

Ktor 的官方網站

https://ktor.io/

有 Ktor 的最新消息跟開發文件，還有開發的範例程式也能在這裡找到。

其它

Kenney Game Assets

https://kenney.itch.io/

提供許多適合遊戲開發的免費素材，本書就是使用裡頭的外星人素材來做出遊戲的。

Kotlin 鐵人陣文章

https://ithelp.ithome.com.tw/2020-12th-ironman/signup/team/110

裡頭有第十二屆以 Kotlin 為主題的鐵人賽文章，有很多跟 Kotlin 相關的主題，包含了鴨鴨助教沒有介紹到的 Kotlin Collection 功能以及更進階的 Function Programming，也有跟後端開發有關的 Ktor 跟 Spring Boot，以及跟 Android 開發有關的主題，透過欣賞別人的文章，來從不同角度去學習 Kotlin，都能得到很多的收穫。

本書程式碼

鴨鴨助教針對每個章節有舉例的範例程式碼都放在鴨鴨助教的個人 Github：「https://github.com/yayachang/korge_book」。有需要的人可以去找原始碼來實際操作演練，有些書上的勘誤也會在公布在此。若有程式碼有任何問題歡迎直接在 Github 上發 issue 或是到臉書粉專「https://www.facebook.com/yunghsincc」詢問，鴨鴨助教會盡量找時間回覆問題，有的超出範圍或我也不太會的內容，也只有盡力跟各位一起找找看問題的答案了。而我不定期會在自己的 Medium「https://yunghsincc.medium.com/」發佈一些技術文章，有興趣的人可以 Follow。

特別補充 -KorGE 廣告實作

KorGE 除了本身針對遊戲引擎的功能之外，也有整合一些外部的軟體資源，不過官方目前支援的開發大部分都還是以 Android 手機為主，分別是可以帶來營收的廣告以及商店購買，還有也有整合到 Google 的成就系統。這些功能對於開發者都是滿需要的（詳細的部分可到「Awesome KorGE Bundle： https://awesome.korge.org/」參考）。這樣就能省下時間不用再另外設計，直接用現成的串接即可，鴨鴨助教就介紹其中一個會讓人產生收入的套件讓大家認識了。

AdMob 廣告

KorGE 開發團隊有設想到大部分遊戲還是都會用廣告來當作營收管道，所以有設計「AdMob」的 Plugin。「AdMob」是全球最大規模的廣告聯播網之一，能幫你的應用程式拉廣告給用戶觀看，進而讓你的 APP 獲得收益，若想知道更詳細的介紹就到官網查閱：「https://admob.google.com/intl/zh-TW/home/」。(這裡就不介紹怎麼在 AdMob 開帳號跟建立應用程式的 APP ID，官網的教學導引會教你如何產生 AdMob 的廣告 ID)。

加入 bundle 跟 config 設定

在 build.gradle.kts 檔案加入 bundle 設定以及你在 AdMob 申請的 APPID。

build.gradle.kts

```
korge {
    bundle("https://github.com/korlibs/korge-bundles.git::korge-admo
b::4ac7fcee689e1b541849cedd1e017016128624b9##2ca2bf24ab19e4618077f57
092abfc8c5c8fba50b2797a9c6d0e139cd24d8b35")
    config("ADMOB_APP_ID", "ca-app-pub-xxxxxx/xxxxxx")
}
```

橫幅廣告

我們試試看最常見的橫幅廣告 ，通常會稱作「Banner Ad」，加在程式的一開始的進版畫面 Splash.kt 場景。

Splash.kt

```
override suspend fun Container.sceneMain(){
    val admob = AdmobCreate(views, testing = false)
    admob.bannerPrepare(Admob.Config(id="ca-app-pub- xxxxxx / xxxxxx
                                            ", bannerAtTop = true))
    admob.bannerShow()
}
```

圖附錄 -1　加入 AdMob 橫幅廣告

插頁式廣告

另一個常用的廣告就是插頁式（全版面廣告），通常會稱作「Interstitial Ad」，我們就試著加在遊戲結束畫面時呼叫。

```
override suspend fun Container.sceneMain(){
    val admob = AdmobCreate(views, testing = false)
    admob?.interstitialPrepare(Admob.Config(id="ca-app-pub-xxxxxxxx/
                                                        xxxxxxxx"))
    admob?.interstitialShowAndWait()// 畫面會卡死
}
```

照理說按照以上的寫法應該就能順利跑出全版面的插頁廣告，但是實際上會卡死畫面。鴨鴨助教發現插頁式廣告如果沒有提前先載入會有直接設定呼叫會在卡死畫面（不過橫幅廣告沒這問題）。因此為了好管理橫幅跟插頁式廣告的出現跟隱藏，鴨鴨助教另外寫了一個 AdMobManager.kt 的程式，這樣在呼叫廣告會比較有彈性，也能解決插頁廣告卡死某個畫面的問題。

AdMobManager.kt

```
object AdMobManager {
    var admob:Admob?=null
    // 初始建立 Admob，並宣告橫幅廣告跟插頁式廣告單元
    suspend fun create(views: Views){
        admob = AdmobCreate(views, testing = false)
        admob?.bannerPrepare(Admob.Config(id="ca-app-pub-xxxxxx/
                                    xxxxxx", bannerAtTop = true))
        admob?.interstitialPrepare(Admob.Config(id="ca-app-pub-
                                                yyyyyy/yyyyyy"))
    }
    // 顯示橫幅廣告
    suspend fun showBannerAd(){
```

```
        admob?.bannerShow()
    }
    //隱藏橫幅廣告
    suspend fun hideBannerAd(){
        admob?.bannerHide()
    }
    //顯示插頁式廣告
    suspend fun showInterstitialAd(){
        admob?.interstitialShowAndWait()

    }
}
```

建議可以把 AdMobManger.create() 方法寫在 Splash.kt 裡，然後在 GameOver.kt 裡再呼叫 AdMobManger.showInterstitailAd() 這樣插頁式廣告才會出現。

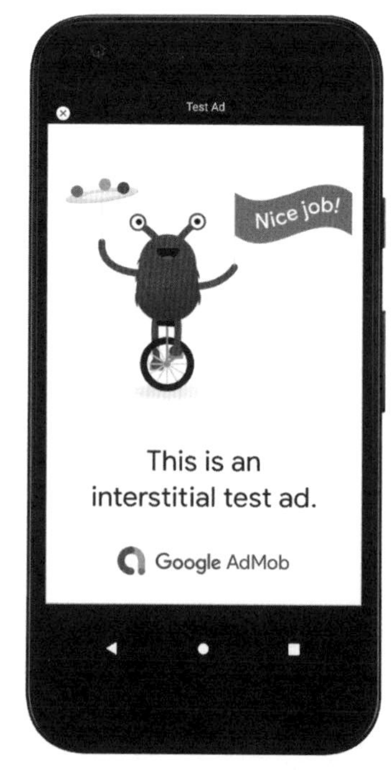

圖附錄 -2　加入 AdMob 插頁式廣告

鴨鴨助教的結語

希望大家已經能知曉怎麼使用 Kotlin 語言撰寫遊戲裡的程式並且運用 KorGE 已經有的遊戲引擎框架來設計自己發想的遊戲，而更上一層樓的讀者，相信連 Ktor 後端 API 跟資料庫的設計都能打造出來，如果你已經連這些程式都知道怎麼佈署連上雲端服務，那在鴨鴨助教心目中您絕對是個獨當一面的開發者了（好像這樣就可以當個全端工程師了 !?）。

最後在此感謝購買本書的讀者、博碩文化的編輯同仁、iT 邦幫忙鐵人賽給予得獎者出版書籍的機會，還有 Kotlin 讀書會社群給予的分享能量，讓這本書能順利上市公諸於世。

特別加碼 - 鴨鴨助教的漫畫

有認真看鴨鴨助教一開始的序的話，應該有發現這本書的誕生的由來是在 2020 年時，鴨鴨助教經歷了一段失業的時期，不過大家也不用太擔心，因為後來公司又有新的投資抽轉成功，老闆也有再找我繼續回鍋，所以又變回在職工程師了。而在那段失業的時期，沒事就提起了畫筆把當時遭遇的情境畫了下來，現在回味起來都會莞爾一笑，所以就分享給讀者一起笑笑吧。

圖附錄 -3 鴨鴨助教的漫畫